FORTSCHRITTE DER PHYSIKALISCHEN CHEMIE

FORTSCHRITTE DER PHYSIKALISCHEN CHEMIE

HERAUSGEGEBEN VON

PROF. DR. W. JOST · GÖTTINGEN

BAND 4

GLEICHGEWICHTS- UND WACHSTUMSFORMEN VON KRISTALLEN

DR. DIETRICH STEINKOPFF VERLAG

DARMSTADT 1958

GLEICHGEWICHTS- UND WACHSTUMSFORMEN VON KRISTALLEN

VON

DR. B. HONIGMANN

Wissenschaftlicher Oberassistent am Fritz-Haber-Institut
der Max-Planck-Gesellschaft Berlin-Dahlem

Mit 79 Abbildungen
in 198 Einzeldarstellungen und 12 Tabellen

DR. DIETRICH STEINKOPFF VERLAG

DARMSTADT 1958

ISBN-13: 978-3-7985-0141-6 e-ISBN-13: 978-3-642-45791-3
DOI: 10.1007/978-3-642-45791-3

Alle Rechte vorbehalten

Kein Teil dieses Buches darf in irgendeiner Form
(durch Photokopie, Mikrofilm oder ein anderes Verfahren)
ohne schriftliche Genehmigung des Verlages reproduziert werden.

Copyright 1958 by Dr. Dietrich Steinkopff, Darmstadt

Meinem hochverehrten Lehrer,
Herrn Professor I. N. Stranski,
gewidmet

Zweck und Ziel der Sammlung

Die vorliegende Monographienreihe verdankt ihre Entstehung noch einer Anregung H. ULICHS. Sie wird in anspruchslosen kleinen Bändchen die heutigen Kenntnisse aus verschiedenen Zweigen unseres Faches darstellen. Der in Industrie, Forschung oder Lehre tätige Wissenschaftler kann daraus den neuesten Stand eines Gebietes kennenlernen, der Studierende Ergänzungen über den knappen Rahmen vorhandener Lehrbücher hinaus finden. Auch mag diese Reihe in gewissem Sinne sich zu einem flexiblen Ersatz nicht existierender Handbücher entwickeln.

HERAUSGEBER UND VERLAG

Vorwort

Die Frage nach der äußeren Form, d. h. nach der Tracht und dem Habitus eines Kristalles, steht im Mittelpunkt aller Erörterungen über die Bildung und das Wachstum kristalliner Phasen. Darüber hinaus werden durch diese Frage zahlreiche Probleme der Physik und Chemie der Festkörper und deren Grenzflächen berührt.

Durch das Thema vorliegender Schrift ist bereits zum Ausdruck gebracht, daß das Habitus-Tracht-Problem wachsender Kristalle auf der Grundlage der durch J. W. GIBBS (1878) definierten Form minimaler Oberflächenenergie zu erörtern ist. Schon CURIE (1885) und WULFF (1901) hatten versucht, diese Form als Schlüssel zum Verständnis von Wachstumsformen zu betrachten. Die Annahme, daß auch ein wachsender Kristall diese Begrenzungsart anstrebt, ist jedoch nicht zutreffend. Die Form minimaler Oberflächenenergie entsteht nur im Gleichgewicht zwischen Kristall und umgebender Phase (z. B. Dampf, Lösung, Schmelze); sie wird daher als Gleichgewichtsform bezeichnet.

Es ist insbesondere das Verdienst von STRANSKI und KAISCHEW, den Zusammenhang von Gleichgewichts- und Wachstumsformen unter idealisierten Voraussetzungen geklärt zu haben. Diese Überlegungen bilden einen wesentlichen Bestandteil der durch KOSSEL, STRANSKI und VOLMER entwickelten allgemeinen Theorie des Kristallwachstums [vgl. STRANSKI (1949, 1950) und KNACKE und STRANSKI (1952)].

Während die genannten zusammenfassenden Arbeiten von STRANSKI und KNACKE vor allem die allgemeine Theorie zum Gegenstand haben, soll hier das Experiment in den Vordergrund des Interesses gestellt werden. Es wird angestrebt, einen Überblick über die experimentellen Verfahren zu geben, deren Anwendung zum Studium der Beziehungen zwischen Gleichgewichts- und Wachstumsformen notwendig ist. Da die Versuchsobjekte naturgemäß *reale* Kristalle sind, bilden diese Verfahren auch die experimentellen Grundlagen zur Klärung einiger Probleme des Wachstums realer Kristalle, die gegenwärtig mit erhöhtem Interesse erörtert werden.

Die Betonung des Zusammenhanges zwischen Gleichgewichts- und Wachstumsformen erscheint gerechtfertigt, da bis heute in der Literatur das Habitus-Tracht-Problem vorwiegend allein an Hand beobachteter *Wachstums-* formen erörtert worden ist. Von den zahlreichen Arbeiten dieser Art können nur einige besprochen, andere nur durch Literaturhinweise erwähnt werden.

Nicht zuletzt wegen dieser Hinweise wurden im Literaturverzeichnis bei allen Arbeiten die Originalüberschriften (oder deren Übersetzungen) mit angegeben.

Im einleitenden Kapitel werden die notwendigen Grundbegriffe definiert und die theoretischen Gesichtspunkte erläutert, die der Auswahl der Experimente zugrunde gelegt worden sind. Die folgenden Kapitel werden nach den verschiedenen experimentellen Verfahren gegliedert: Kristallzüchtung; Beobachtungen von Wachstumsformen; Bestimmung der zur Gleichgewichtsform gehörenden Flächen bzw. der Gleichgewichtsform selbst (Kugelwachstumsversuche, Temperversuche bei schwankenden oder konstanten Temperaturen); Messung der Wachstumsgeschwindigkeiten; Beobachtungen von Schichten, Spiralen und Vergröberungen auf Kristalloberflächen.

Das letzte Kapitel bleibt der Theorie vorbehalten. Auf eine zusammenfassende Darstellung der gesamten Theorie, wie sie in den bereits genannten Arbeiten zu finden ist, soll verzichtet werden. Hier werden lediglich die grundlegenden Gedankengänge an einfachen Rechenbeispielen erläutert; diese werden auf ideale Gittermodelle bezogen. Auf den Einfluß von Schraubenversetzungen (nach F. C. FRANK) wird gesondert hingewiesen. Ferner wird ein in letzter Zeit häufig diskutiertes Verfahren zur Bestimmung der Flächen von Wachstumsformen (HARTMAN und PERDOK) analysiert. Die Arbeitshypothese, die diesem Verfahren zugrunde liegt, kann auf die Grundprinzipien der Methode von STRANSKI und KAISCHEW zurückgeführt werden. Abschließend kommt dann eine Arbeit von STRANSKI (1956) zur Sprache, in der der Weg aufgezeigt wird, Gleichgewichtsformen in Gegenwart adsorbierter Fremdstoffe zu berechnen.

Herrn Prof. I. N. STRANSKI danke ich für zahlreiche Anregungen und Diskussionen. Herrn Prof. M. v. LAUE und Herrn Prof. G. BORRMANN danke ich für das fördernde Interesse, das sie mir erwiesen haben. Nicht zuletzt gilt mein Dank Frl. H. SACHS und Herrn Dipl. Chem. H. HEYER für Mitarbeit und Hilfe. Dem Verlag gebührt mein Dank für die entgegenkommende Berücksichtigung zahlreicher Sonderwünsche und für die ansprechende drucktechnische Ausführung des Buches.

Berlin, April 1958

B. HONIGMANN

Inhaltsverzeichnis

Vorwort	IX
Kap. I. Einführung	1
1. Übersättigung und Keimbildung	1
2. Wachstums- und Gleichgewichtsformen. Definitionen der Grundbegriffe	3
3. Flächenwachstum und Vergröberung idealer und realer Kristalle	6
4. Tracht und Habitus polyedrischer Wachstumsformen	8
Kap. II. Kristallzüchtung	17
1. Züchtung aus der Dampfphase	17
2. Züchtung aus der Lösung	21
3. Züchtung aus der Schmelze	24
Kap. III. Experimentell beobachtete Wachstumsformen	27
1. Kristalle mit nichtpolarer Bindung	27
2. Kristalle mit heteropolarer Bindung	38
3. Experimentelle Untersuchungen über den Einfluß von Fremdfaktoren auf Wachstumsformen	45
Kap. IV. Experimentelle Methoden zur Bestimmung der Tracht der Gleichgewichtsform und Möglichkeiten zur experimentellen Bestimmung der Gleichgewichtsform selbst	53
1. Kugelwachstumsversuche	53
2. Kristalle unter dem Einfluß von Temperaturschwankungen	63
3. Über die experimentelle Bestimmung von Gleichgewichtsformen	66
Kap. V. Experimentelle Methoden zum Studium des Wachstums einzelner Kristallflächen	72
1. Messungen der Wachstumsgeschwindigkeiten	72
a) Meßmethoden	72
b) Messungen der Wachstumsgeschwindigkeit in Abhängigkeit von der Übersättigung	75
2. Optische Oberflächenuntersuchungen	81
a) Bemerkungen zu den licht- und elektronenoptischen Verfahren	81
b) Schicht- und Spiralwachstum	84
c) Vergröberte Flächen	89

Kap. VI. Theorie 90

   1. Die Methoden zur Bestimmung der Gleichgewichtsform 90
      a) Die Methode von GIBBS-WULFF 90
      b) Die Methode von STRANSKI-KAISCHEW 91
      c) Regeln zur Bestimmung von G-Flächen 93
   2. Die zur Bestimmung der Gleichgewichtsform notwendigen Größen . 96
      a) Die Abtrennarbeiten 98
      b) Die mittleren Abtrennarbeiten 104
      c) Die freie spezifische Oberflächenenergie σ 106
      d) Die freie spezifische Randenergie ϱ 109
   3. Rechenbeispiele für die Methoden und Regeln zur Bestimmung der Gleichgewichtsform 112
      a) Die Gleichgewichtsform des KOSSEL-Kristalls bei ausschließlicher Berücksichtigung der Bindung zwischen erstnachsten Nachbarn 112
      b) Die Gleichgewichtsform des KOSSEL-Kristalls bei Berücksichtigung der Bindungsenergie zwischen erst- und zweitnächsten Nachbarn 114
      c) Die Gleichgewichtsform des kubisch raumzentrierten Gitters . . 116
   4. Wachstum 119
      a) Die zwei-, ein- und nulldimensionale Keimbildung 119
      b) Vergröbertes Wachstum der nicht zur Gleichgewichtsform gehörenden Flächen des NaCl-Kristalls 123
      c) Das Wachstum ohne oder mit verminderten zweidimensionalen Keimbildungsarbeiten 127
   5. Bemerkungen zur Methode von Hartman und Perdok 130
   6. Die Gleichgewichtsform in Gegenwart von Fremdatomen 135

Kap. VII. Schlußbemerkung 142

  Literaturverzeichnis 143

  Namenverzeichnis 155

  Sachverzeichnis 157

  Substanzverzeichnis 160

Kapitel I

Einführung

1. Übersättigung und Keimbildung

Für die Bildung und das Wachstum von Kristallen ist es erforderlich, daß die Mutterphase gegenüber der festen Phase übersättigt bzw. unterkühlt ist.

Man spricht von einer übersättigten Dampfphase, wenn (bei konstanter Temperatur) deren Druck p größer als der Sättigungsdruck p_s der hinreichend großen festen Phase ist. Zahlenmäßig läßt sich dieser Zustand durch folgende Größen zum Ausdruck bringen:

$\alpha = \Delta p = p - p_s$ Übersättigung;
$\beta = \Delta p/p_s$ relative Übersättigung
$\qquad$ ($100 \cdot \beta$ = prozentuale Übersättigung);
$\gamma = p/p_s$ Übersättigungsverhältnis.

Für eine übersättigte Lösung muß man sinngemäß für p_s die Sättigungskonzentration c_s und für p entsprechend c einsetzen. Bei einer Schmelze bezeichnet man die Differenz $T_s - T$ als Unterkühlung. Dabei bedeuten T die Temperatur der unterkühlten Schmelze und T_s die Schmelztemperatur.

An Stelle der Begriffe Übersättigung, Unterkühlung hat VOLMER den einheitlichen Ausdruck Überschreitung eingeführt und den Grad der Überschreitung durch die Differenz der chemischen Potentiale $\mu = \left(\dfrac{\delta G}{\delta n}\right)_T$ (G: freie Enthalpie pro Mol; n: Molzahl) ausgedrückt.

Für die Gleichgewichtslinie im Zustandsdiagramm zweier beliebiger homogener Phasen I und II gilt bekanntlich $\mu_I = \mu_{II} = \mu_{I/II}$. Für einen gegebenen Zustand in der Phase I ist dann der Betrag der Überschreitung:

$$\Delta \mu = (\mu_I - \mu_{I/II})_T.$$

Zur Bestimmung der Übersättigung ist die Kenntnis des Zustandsdiagrammes Voraussetzung. Man benötigt für die Phasenübergänge Dampf-Festkörper und Schmelze-Festkörper das p-T-Diagramm und für die Phasenübergänge Lösung-Festkörper das c-T-Diagramm (Abb. 1). Für den Phasenübergang Dampf-Festkörper sei dies kurz erläutert. Ausgehend von einem beliebigen Zustand der Dampfphase (Phase I) kann durch Erhöhung des Druckes und/oder Verringerung der Temperatur die Gleichgewichtskurve überschritten werden, wenn weder die feste Phase noch ein entsprechender Katalysator vorhanden ist. Für jeden erreichbaren Punkt jenseits der

Dampfdruck-Kurve spricht man von einem metastabilen Zustand oder einer übersättigten Phase. In Abb. 1 ist ein Beispiel solcher Zustandsänderungen ($A \to B$) eingezeichnet. Die Übersättigung in Punkt B kann man aus dem Diagramm direkt ablesen: $\Delta p = p_2 - p_1$.

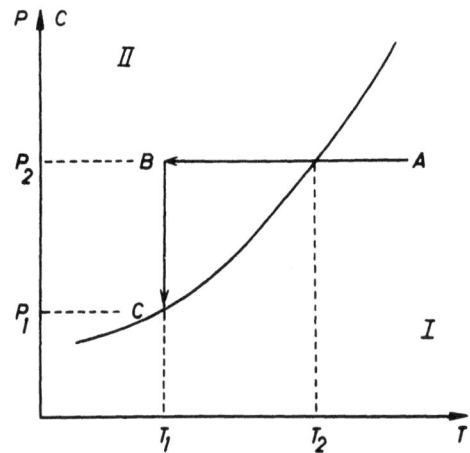

Abb. 1. Dampfdruck- bzw. Löslichkeitskurve. – I Dampf bzw. Lösung; II Fest.

Eine fortlaufende Erhöhung der Übersättigung führt schließlich zur spontanen Bildung der festen Phase (II) in Form kleinster Keime. In einem größeren abgeschlossenen System wächst die feste Phase, nach erfolgter Keimbildung, auf Kosten der Dampfphase, bis die Gleichgewichtslinie erreicht ist. Hält man dabei das System auf konstanter Temperatur, so erfolgt die Änderung auf dem Wege $B \to C$ (vgl. Abb. 1). Die Übersättigung nimmt dabei laufend ab und ist Null, wenn der Punkt C erreicht ist.

Da das Wachstum (genauer die Wachstumsgeschwindigkeit) in starkem Maße von der Übersättigung abhängt, muß man bei allen Wachstumsexperimenten durch besondere apparative Anordnungen dafür sorgen, daß die Übersättigung konstant gehalten werden kann. Dies ist am besten im metastabilen Übersättigungsbereich möglich, wenn das Wachstum eines einzelnen Kristalles (unter Umständen einiger weniger Kristalle) verfolgt wird (vgl. Kap. II). Überlagerungen von Wachstum und Neukeimbildung bei höheren Übersättigungen ergeben in den meisten Fällen unübersichtliche Verhältnisse.

Höhere Übersättigungen sind jedoch immer erforderlich, um überhaupt erst einmal ein Kriställchen zu gewinnen, dessen Wachstum dann bei geringeren Übersättigungen untersucht werden kann. Der Keimbildungsvorgang muß daher getrennt vom eigentlichen Wachstumsversuch durchgeführt werden.

Als Maß für die Keimbildung wird die sogenannte Keimbildungshäufigkeit angegeben. Diese ist definiert als die Anzahl der Keime, die bei konstanter Übersättigung pro Sekunde in einem Kubikzentimeter gebildet werden. Im metastabilen Übersättigungsbereich ist diese Größe praktisch Null. Oberhalb einer kritischen Übersättigung steigt sie bei geringen Erhöhungen der Übersättigung stark an.

Neben dieser Vielkeimbildung oberhalb der kritischen Übersättigung können unterhalb dieser auch einzelne Keime ausgebildet werden. Dies ist dann möglich, wenn einige wenige wirksame Fremdteilchen (aktive Zentren) vorhanden sind, die die Keimbildung erleichtern.

Wenn es durch vorsichtige Steigerung der Übersättigung gelingt, ein einzelnes Kriställchen zu erzeugen, so kann man dieses (nach Herabsetzen der Übersättigung) unmittelbar weiter wachsen lassen; werden jedoch mehrere ausgebildet, so kann man diese vorsichtig bis auf eins wieder auflösen oder abdampfen. Schließlich hat man unter Umständen die Möglichkeit, einige Kriställchen gesondert zu züchten und davon eines in das eigentliche Wachstumsgefäß zu verpflanzen. Auch Spaltstücke von größeren Kristallen sind als „Keime" für Wachstumsversuche verwendet worden.

Auf die Gesetzmäßigkeiten der Keimbildung kann nicht weiter eingegangen werden. Der an diesen Fragen interessierte Leser sei auf das Buch von VOLMER, „Kinetik der Phasenbildung" (1939) und auf Arbeiten von TURNBULL und HOLLOMON (1951, 1953) und DUNNING (1955) verwiesen.

2. Wachstums- und Gleichgewichtsformen. Definitionen der Grundbegriffe

Es ist eine alte Erfahrungstatsache, daß es für jede kristalline Substanz immer einige charakteristische ebene Flächen gibt, die sich beim Wachstum parallel zu sich selbst verschieben; zur Abkürzung soll dieser Vorgang als wiederholbares Wachstum bezeichnet werden. Die Richtungen dieser wiederholbar wachsenden Flächen sind in der Regel durch kleine rationale Indizes (hkl, MILLERsche Indizes) beschreibbar. Häufig erscheinen die wiederholbar wachsenden Flächen spiegelnd glatt, oder man erkennt bei genauerer Betrachtung einzelne glatte Bereiche, die nur unwesentlich gegen einander geneigt sind. Diese Flächen sollen im folgenden als *G-Flächen* (wiederholbar wachsende glatte Flächen) bezeichnet werden. Außerdem findet man unter den wiederholbar wachsenden Flächen spezieller Substanzen gelegentlich solche, die mehr oder weniger deutlich vergröbert sind. Es soll in solchem Falle von wiederholbar wachsenden, vergröberten Flächen, die zur Abkürzung als *W-Flächen* bezeichnet werden, gesprochen werden.

Alle übrigen denkbaren Oberflächenbegrenzungen, außer *G-* und *W-*Flächen, wachsen unregelmäßig vergröbert; gewisse Flächenrichtungen sind, wenn überhaupt, nur kurzzeitig (intermediär) erkennbar. Als Abkürzung werden die Bezeichnungen *V-Flächen* bzw. *V-Bereiche* verwendet.

Läßt man Einkristallkugeln wachsen, so werden dabei alle genannten Bereiche realisiert. Die G- und eventuell mögliche W-Flächen treten als kreisrunde Kugelabschnitte in Erscheinung, deren Richtungen durch kleine rationale Indizes (hkl) anzugeben sind. Alle übrigen Oberflächenteile zwischen den Flächen vergröbern, sind also V-Bereiche, die daher auch Zwischen-Bereiche genannt worden sind.

Der Begriff wiederholbares Wachstum wurde von STRANSKI (1932) in Zusammenhang mit der Analyse der Wachstumseigenschaften verschiedener idealer Oberflächenprofile eingeführt. Je nachdem, ob beim Wachstum ein bestimmtes Oberflächenprofil erhalten bleibt oder nicht, wird von wiederholbarem oder nicht wiederholbarem Wachstum gesprochen. Diese Definition schließt ein, daß beim wiederholbaren Wachstum die Oberflächenrichtung oder Orientierung erhalten bleibt. Bei einer realen Fläche ist ebenfalls ein Wachstum mit (nahezu) konstanter Flächenorientierung möglich; die Oberflächenfeinstruktur kann jedoch von Fall zu Fall etwas unterschiedlich sein. Bei der Anwendung des Begriffes wiederholbares Wachstum auf reale Flächen ist dieser Unterschied zu berücksichtigen.

Von STRANSKI (1932) wurde folgende Einteilung der Oberflächenstrukturen eines idealen Gitters angegeben (vgl. Abb. 2):

Alle kristallographisch indizierbaren ebenen Schnitte durch das Gitter werden als *glatte (oder vollständige) Flächen* bezeichnet (zwei Beispiele sind in Abb. 2 durch einen ausgezogenen Strich angedeutet). Im Gegensatz dazu werden *vergröberte (oder unvollständige) Flächen* unterschieden. Sie bestehen aus Erhöhungen (Subindividuen), die durch glatte Flächenelemente begrenzt sind. Je nachdem, ob die Erhöhungen sich in Art und Größe gleichen oder nicht, wird von gleichmäßig vergröberten (oder gleichförmigen) Flächen (in Abb. 2 gestrichelt) oder von ungleichmäßig vergröberten (oder ungleichförmigen) Flächen (in Abb. 2 gepunktet) gesprochen. Wie man sich leicht überlegen kann, ist jede kristallographische Richtung durch jeweils mehrere gleichmäßig vergröberte Flächen (oder deutlicher: Flächenprofile) darstellbar. Ungleichmäßig vergröberte Profile ergeben keine, bestenfalls eine angenäherte kristallographische Richtung.

Als stabile Begrenzung wachsender Kristalle sind nur die wiederholbar wachsenden (glatten und gleichmäßig vergröberten) Oberflächenprofile möglich. Nicht wiederholbar wachsende glatte Flächen entwickeln sich zu vergröberten Flächen, und die nicht wiederholbar wachsenden, vergröberten Flächen gehen in ungleichmäßig vergröberte Flächen über.

Das Erscheinungsbild eines Kristalls wird als *Kristallform, Tracht* oder *Habitus* bezeichnet. Die drei Begriffe werden in der Literatur nicht einheitlich angewendet. Für die vorliegenden Betrachtungen empfiehlt sich folgende Festsetzung:

Die *Tracht* eines Kristalls ist die Zusammenstellung der $\{hkl\}$-Werte der Flächen (*G*- und *W*-Flächen), die den Kristall begrenzen. Will man bei der Beschreibung der Kristalle das Größenverhältnis der Flächen zum Ausdruck bringen, so spricht man vom *Habitus*. Eine *Kristallform* ist charakterisiert durch die Tracht- und Habitusangaben.

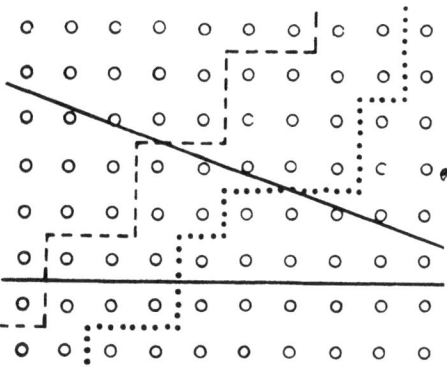

Abb. 2. Einteilung der Kristallflächen und Vergröberungen nach STRANSKI (1932). Erklärungen im Text.

Entsprechend der Art, wie die Kristalle ihre Form erlangt haben, durch Wachstums-, Auflösungs- oder Tempervorgänge, handelt es sich um *Wachstums-, Auflösungs- oder Temperformen*.

Die *Kristallform* wird bestimmt durch die Gittersymmetrie, die Bindungskräfte zwischen den Bausteinen (Ionen, Atome, Moleküle bzw. Molekülkomplexe), durch Gitterfehler und durch äußere Faktoren (Übersättigung, Temperatur, Wärmeleitung, Diffusion und Fremdstoffe).

Die charakteristische Wachstumsform eines Kristalls ist ein Polyeder, d. h. der Kristall ist begrenzt durch Flächen, die in Kanten zusammenstoßen *(polyedrische Wachstumsform)*. Unter ganz bestimmten äußeren Bedingungen können auch gerundete Wachstumsformen oder stark verzerrte Formen auftreten (Nadeln, ,,Whiskers", einige dendritische Formen).

Alle übrigen ,,Wachstumsformen", die beobachtet werden, sind polykristalline Aggregate, bei denen die einkristallinen Bereiche mehr oder weniger regelmäßig zueinander angeordnet sind.

Hierbei können die Einzelindividuen durch Flächen und Kanten begrenzt sein (Viellingsformen). In vielen Fällen sind die Formen jedoch lediglich durch gewisse Vorzugsrichtungen der unregelmäßigen Einzelindividuen zu charakterisieren [faserige, blätterige bis schuppige Formen; skelettartige und farnkrautartige dendritische Formen; sphärolitische Formen usw., vgl. NIGGLI (1924, 1926 und 1953)].

Untersucht man polyedrisches Wachstum bei konstanten äußeren Bedingungen, so resultiert (nach unterschiedlichen Wachstumszeiten) eine für die speziellen Wachstumsbedingungen charakteristische Wachstumsform mit einem konstanten Verhältnis der Flächengrößen. Eine solche Form soll *stationäre Wachstumsform* genannt werden.

Grundlage für die theoretische Deutung polyedrischer Wachstumsformen ist die *Gleichgewichtsform*. Es ist die Form eines Kristalles, für die bei konstanter Temperatur und konstantem Kristallvolumen die freie Oberflächenenergie ein Minimum hat; das bedeutet, daß diese Form bei konstanter Temperatur mit einer anderen Phase (z. B. mit ihrer Dampfphase) im Gleichgewicht steht.

Der Zusammenhang zwischen Wachstumsformen und der Gleichgewichtsform beruht darauf, daß nur die zur Gleichgewichtsform gehörenden Flächen als G-Flächen an Wachstumsformen auftreten können. Die Abkürzung G-Fläche bedeutet also „wiederholbar wachsende *glatte* Fläche" und „*zur Gleichgewichtsform* gehörende Fläche". Man kann *ein* Symbol benutzen, da jeweils die eine Aussage die andere einschließt.

Die Gleichgewichtsform selbst ist experimentell an makroskopischen Kristallen nicht zu realisieren, wohl aber die zur Gleichgewichtsform gehörenden Flächen. Diese werden an Wachstumsformen ausgebildet, niemals aber im gleichen Größenverhältnis wie an der Gleichgewichtsform; das bedeutet mit anderen Worten: man kann experimentell aus Wachstumsformen die Tracht, nicht aber den Habitus der Gleichgewichtsform bestimmen.

3. Flächenwachstum und Vergröberung idealer und realer Kristalle

Es ist notwendig, schon jetzt auf einige Gesetzmäßigkeiten des Kristallwachstums einzugehen, die erst später begründet werden, deren Kenntnis aber erforderlich ist, um zu verstehen, nach welchen Gesichtspunkten die hier zu besprechenden Experimente ausgewählt worden sind.

Ein auf einer Kristalloberfläche aus der übersättigten Mutterphase (z. B. Dampf) auftreffender Baustein kann nur an Wachstumsstellen (Halbkristallagen) in das Gitter eingebaut werden. Die Zahl der Wachstumsstellen ist entscheidend für den Wachstumsmechanismus einer Fläche.

Auf einer (glatten) G-Fläche eines *idealen Kristalls* ist (bei geringen Übersättigungen) keine Wachstumsstelle vorhanden. Alle auftreffenden Bausteine verdampfen wieder, und zwar nach einem mehr oder weniger kurzen Diffusionsweg auf der Oberfläche. Erst, wenn durch eine statistische Schwankung ein Netzebenenkeim (zweidimensionaler Keim) auf der Oberfläche gebildet wird, sind Wachstumsstellen an dem Keimrand vorhanden. Alle Bausteine, die durch Diffusion an den Rand der Netzebeneninsel gelangen können, werden eingebaut. Das ergibt ein Wachstum in tangentialer Richtung. Wenn die neue Netzebene den Rand der Fläche erreicht hat, hört die Einlagerung auf, da keine Wachstumsstellen mehr vorhanden sind. Erst, wenn erneut ein Netzebenenkeim gebildet ist, beginnt das geschilderte Spiel von neuem. Dieser Mechanismus gewährleistet ein Wachstum Netzebene für Netzebene. Die Wachstumsgeschwindigkeit in Normalenrichtung wird bestimmt durch die Häufigkeit der Keimbildung, und diese im wesentlichen durch die zweidimensionale Keimbildungsarbeit. Streng genommen, sind auch an einer glatten Stufe einer Netzebeneninsel keine Wachstumsstellen vorhanden. Diese bilden sich erst nach Anlagerung einer Bausteinkette an der glatten Stufe. Die dafür notwendige eindimensionale Keimbildungsarbeit hat die Größenordnung der thermischen Energie und kann daher in der Regel vernachlässigt werden.

Auf allen nicht zur Gleichgewichtsform gehörenden Flächen bzw. Oberflächenbereichen ist (unabhängig von der Übersättigung) jeder Gitterplatz eine Wachstumsstelle, bzw. es entstehen nach Anlagerung von Bausteinketten (eindimensionaler Keimbildung) sehr viele Wachstumsstellen. Eine zweidimensionale Keimbildung ist also in diesem Fall für das Wachstum in Normalenrichtung nicht notwendig. Damit ist auch ein Wachstum Netzebene nach Netzebene nicht möglich, die Flächen vergröbern. Die Anlagerungsgeschwindigkeit wird im wesentlichen durch die Anzahl der auf die Oberfläche auftreffenden Bausteine bestimmt.

Will man die entsprechenden Überlegungen auf das Wachstum *realer Kristalle* übertragen, so muß man die Einflüsse von Gitterstörungen und Fremdstoffen zusätzlich berücksichtigen.

Gitterstörungen können auf G-Flächen die Ausbildung von Wachstumsstellen bedingen. Von Bedeutung sind solche, die als lokalisierte Wachstumszentren wirken und ein Wachstum ohne oder mit verminderten Energieschwellen ermöglichen. Im Experiment wird ihre Existenz durch Wachstumsschichten oder Spiralen angezeigt, die von bestimmten Punkten der Oberfläche ausgehen. Ist die Zahl solcher Zentren gering und besteht die Oberfläche zwischen diesen Störungen aus (nahezu) idealen Gitterbereichen, so bleibt der Charakter der G-Flächen erhalten. Eine Anlagerung einzelner auf die Oberfläche auftreffender Bausteine ist dann nur an diesen Zentren und an den Stufen der durch diese ausgelösten Wachstumsschichten oder Spiralen möglich. Dadurch wird das Wachstum Netzebene für Netzebene einzelner Gitterbereiche ermöglicht.

Für V-Bereiche und vermutlich auch für W-Flächen ist das Vorhandensein solcher Gitterstörungen unwesentlich, da bereits die idealen Gitterbereiche vergröbert wachsen.

Sind *Fremdstoffe* anwesend, so können diese an der Oberfläche adsorbiert bzw. im Kristall eingebaut werden.

Ist die Adsorptionsenergie gleich groß oder größer als die Anlagerungsenergie arteigener Bausteine, so erfolgt ein Einbau in das Gitter, und es entstehen Mischkristalle oder neue Substanzen. Dies soll hier nicht erörtert werden (vgl. SEIFERT 1935, 36 u. 37).

Ist die Adsorptionsenergie geringer, so kann der Fremdstoff die Keimbildungsarbeit vermindern, die Anlagerungsenergie der arteigenen Bausteine und den Diffusionskoeffizienten der Oberflächendiffusion ändern. Das bewirkt in vielen Fällen lediglich eine Änderung der Wachstumsgeschwindigkeit der Flächen (in Normalenrichtung), nicht aber eine Änderung des Wachstumsmechanismus der G-Flächen, d. h. die Tracht der Gleichgewichtsform ist dann identisch mit derjenigen des Ideal- und Realkristalls der reinen Substanz.

Fremdstoffe oder Fremdfaktoren können aber zusätzlich auch eine Änderung der Tracht der Gleichgewichtsform bedingen. Die Flächen einer solchen geänderten Gleichgewichtsform werden zur Unterscheidung von den G-Flächen der reinen Substanz als G_f-Flächen bezeichnet. Entsprechend könnte man zwischen W- und W_f- oder V- und V_f-Flächen unterscheiden, worauf jedoch im folgenden verzichtet wird.

Der *Wachstumsmechanismus der W-Flächen* wird wahrscheinlich immer durch Fremdfaktoren ausgelöst und gesteuert; er ist noch nicht soweit geklärt, daß man ihn bereits hier durch einige kurze Bemerkungen charakterisieren könnte. Der wesentliche Unterschied zwischen G- und W-Flächen beruht auf der stark unterschiedlichen Zahl von Wachstumsstellen. Dies hat zur Folge, daß nur G-Flächen über geschlossene Wachstumsschichten oder Spiralen wachsen können. Auch zeigen sich in der Abhängigkeit der Wachstumsgeschwindigkeit von der Übersättigung charakteristische Unterschiede. Diese Effekte dienen der Unterscheidung von G- und W-Flächen, sofern die Vergröberungen der W-Flächen nicht durch visuelle Beobachtung erkannt werden können.

4. Tracht und Habitus polyedrischer Wachstumsformen

Die experimentell beobachteten Wachstumsformen können nur gedeutet werden, wenn folgende Faktoren bekannt sind:

a) die Tracht der Gleichgewichtsform und die W-Flächen bei gegebenen äußeren Bedingungen. (Nur G- und W-Flächen können als stabile Begrenzung polyedrisch wachsender Kristalle in Erscheinung treten);

b) die Wachstumsgeschwindigkeiten der unter a) bezeichneten Flächen, weil dadurch der Habitus, oder mit anderen Worten, das Größenverhältnis dieser Flächen an polyedrischen Wachstumsformen bestimmt wird.

Aus der großen Zahl der Einzelbeobachtungen zu vorliegendem Problemkreis findet man keine Beispiele heraus, bei denen die Wachstumsformen nach den erwähnten verschiedenen Gesichtspunkten untersucht worden sind. Man muß sich vorerst mit Anhaltspunkten begnügen. Um zu einer Beschränkung in der Auswahl zu kommen, wurden nur solche Beispiele herausgesucht, für die die Tracht der Gleichgewichtsform der reinen Substanz unter Voraussetzung eines idealen Gitterbaus theoretisch bekannt ist. Das ist auch für die Betrachtung realer Kristalle sinnvoll, weil in vielen Fällen die Tracht von äußeren (realen) Faktoren unabhängig ist.

Gleichgewichtsformen sind für Stoffe mit homöopolarer und heteropolarer Bindung zwischen den Gitterbausteinen theoretisch bestimmt worden.

Die idealisierte homöopolare Bindung ist dadurch charakterisiert, daß sich die Bindungsenergien eines Bausteines zu den übrigen des Gitters additiv überlagern, und daß die Einzelbeträge mit zunehmendem Abstand der Gitternachbarn stark abfallen.

Unter Annahme verschieden großer Reichweite der homöopolaren Bindungskräfte haben STRANSKI und KAISCHEW die Tracht der Gleichgewichtsform für einige einfache Gittertypen bestimmt (vgl. Tab. 1a). Die Unterteilung in G_I, G_{II} und G_{III}-Flächen gibt den Zusammenhang mit der Reichweite der Kräfte an. Ist z. B. bei einer Substanz die Abnahme der Bindungskräfte mit der Entfernung so stark, daß lediglich die Kraftwirkungen zwischen erstnächsten Nachbarn eine endliche Größe haben, die zwischen zweitnächsten Nachbarn also praktisch Null sind, so erscheinen nur G_I-Flächen. Sind bei einer anderen Substanz auch noch die Bindungskräfte zwischen zweitnächsten Nachbarn von endlicher Größe, so erscheinen zusätzlich die G_{II}-Flächen usw.

Experimentelle Beobachtungen haben ergeben, daß die theoretisch für Gitter mit einer idealisierten homöopolaren Bindung bestimmten Flächen nicht nur an Kristallen mit homöopolarer Bindung (z. B. Diamant), sondern auch an Kristallen mit VAN DER WAALSscher Bindung zwischen den Gitterbausteinen (Molekülkristalle) und sogar auch an Metallkristallen auftreten. Das bedeutet, daß die Bindungsenergien bei der Anlagerung von Kristallbausteinen (Atome, Moleküle oder Molekülkomplexe) für alle drei

Gruppen durch einen gemeinsamen vereinfachten Ansatz abgeschätzt werden können. Es soll daher im folgenden der Ausdruck nichtpolare Bindung angewendet werden.

Die andere Substanzgruppe, für die Gleichgewichtsformen theoretisch berechnet worden sind, umfaßt Kristalle mit Ionen als Gitterbausteine, die durch COULOMB-Kräfte zusammengehalten werden. Die bisher vorliegenden Beispiele sind in Tab. 1b zusammengefaßt. (Da die COULOMBschen Bindungskräfte zwischen einzelnen Ionen nur langsam mit der Entfernung abfallen, entfällt hier eine entsprechende Unterscheidung in G_I, G_{II} und G_{III}-Flächen, vgl. Abschn. VI, 2a.)

Tabelle 1
Theoretisch bestimmte G-Flächen
a) Nichtpolare Kristalle [nach STRANSKI und KAISCHEW (1931, 1949)]

Gittertyp	G-Flächen		
	G_I	G_{II}	G_{III}
einfach kubisch	100	110, 111	211
kubisch raumzentriert	110	100	211, 111
kubisch flächenzentriert	111, 100	110	311, 210, 531
Diamant-Gitter[1]	111	100	110, 311
Hexagonal dichteste Kugelpackung	0001 $10\bar{1}1$ $10\bar{1}0$	$11\bar{2}0$ $10\bar{1}2$	
Se- und Te-Gitter . . . . . vergl. Abschnitt III, 1	$10\bar{1}1$; 0001, $10\bar{1}0$, $01\bar{1}2$ [Nach STRANSKI, KAISCHEW und KRASTANOW (1934)]		

b) Ionenkristalle

Gittertyp	G-Flächen	Literatur
NaCl	100	STRANSKI und KAISCHEW (1931); vgl. auch KOSSEL (1927/28), STRANSKI (1928)
CsCl	110	KLEBER (1938)
CaF$_2$	111	BRADISLOV und STRANSKI (1941)
CaCO$_3$	100	STRANSKI (1949)

Die Liste der Strukturtypen, deren G-Flächen bekannt sind, kann mit Vorbehalt durch Beispiele ergänzt werden, die nach einer Methode von

---

[1]) Die Flächeneinteilung (in G_I-, G_{II}- und G_{III}-Flächen) der oben genannten Verfasser wurde geringfugig geändert (vgl. Tab. 9).

HARTMAN und PERDOK bearbeitet worden sind. Diese Autoren vertreten in Übereinstimmung mit NIGGLI (1952) und KLEBER (1955) die Ansicht, daß die Tracht eines Kristalls durch Ketten starker Bindung bestimmt werden kann. Die effektive Periode einer solchen Bindungskette wurde „Bindungskettenvektor" bzw. P.B.C.-Vektor (englisch: periodic bond chain vector) benannt. Mit Hilfe dieser Vektoren werden die Flächen eines Kristalls in drei Gruppen eingeteilt (vgl. Abb. 3):

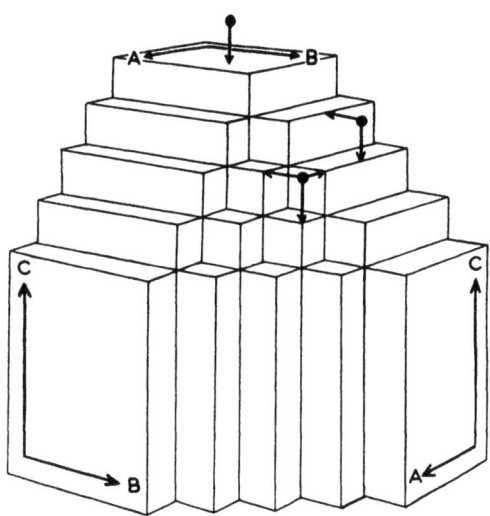

Abb. 3. Hypothetischer Kristall mit drei PBC-Vektoren. – $A \parallel [100]$, $B \parallel [010]$ und $C \parallel [001]$; F-Flächen: 100, 010, 001 usw.; S-Flächen: 110, 101, 011 usw.; K-Flächen: 111 usw. – (Nach HARTMAN und PERDOK).

F-Flächen (flat faces) sind Flächen, welche parallel zu zwei oder mehr PBC-Vektoren verlaufen.

S-Flächen (stepped faces) sind Flächen, die nur mit einem PBC-Vektor parallel laufen.

K-Flächen (kinked faces) sind Flächen, die keinem PBC-Vektor parallel liegen.

Auf Grund einiger Überlegungen (die in Abschnitt VI, 4 genannt und kritisch diskutiert werden), wird gefolgert, daß an Wachstumsformen im allgemeinen die F-Flächen vorherrschen, daß K-Flächen selten oder gar nicht vorkommen und daß S-Flächen eine „mittlere Wichtigkeit" aufweisen. Die F-Flächen sind niedrig indizierte Ebenen, ihre Zahl ist jeweils auf einige wenige begrenzt. Alle übrigen denkbaren Kristallebenen zählen zu den

S- und K-Flächen. Eine weitere Aufteilung dieser Flächen wird durch einen Index x zum Ausdruck gebracht: S_x und K_x; $x = 1, 2, 3 \ldots n$. Damit wird angedeutet, daß den Flächen mit dem Index 1 die größte und solchen mit größeren Indexzahlen eine geringere Stabilität zukommt.

Eine Zusammenstellung der bisher nach dieser Methode analysierten Gittertypen wird in Tab. 2 gegeben.

Im VI. Kapitel wird gezeigt, daß für die kubischen Gittertypen und für die hexagonal dichteste Kugelpackung (vgl. Tab. 1a) beim Vorliegen nichtpolarer Bindung die F-Flächen mit den G-Flächen identisch sind, sofern die gleichen Voraussetzungen über die Reichweite der Bindungskräfte getroffen werden. Eine formale Übereinstimmung der G- und F-Flächen ergibt sich auch für die in Tab. 1b aufgeführten heteropolaren Substanzen. Es kann daher (mit Einschränkung) angenommen werden, daß auch die für die übrigen Substanzen der Tab. 2 angegebenen F-Flächen zur Gleichgewichtsform gehörende Flächen (d. h. also G-Flächen) darstellen. Außerdem sei bemerkt, daß die in Tab. 2b mit aufgeführten S_1- und K_1-Flächen häufig an Wachstumsformen beobachtet werden (siehe Tab. 4). Das findet seine Erklärung vermutlich darin, daß diese Flächen als W-Flächen in dem hier definierten Sinne wachsen können, wenn die dafür notwendigen Wachstumsbedingungen vorliegen. Außerdem werden diese Flächen bei einer Trachtänderung der Gleichgewichtsform durch Fremdstoffe in erster Linie als G_f-Flächen in Frage kommen. Für diese Vermutungen lassen sich einige Anhaltspunkte angeben (vgl. VI, 4b u. VI, 6).

Wenn es gelungen ist, die Tracht – d. h. alle als Begrenzung von Wachstumsformen möglichen Flächen – einer speziellen kristallinen Substanz zu bestimmen, so erhebt sich die Frage, welche dieser Flächen an polyedrischen Wachstumsformen sichtbar in Erscheinung treten, und die Frage nach dem *Größenverhältnis* dieser Flächen. Angaben über das Größenverhältnis der Flächen sind gleichbedeutend mit einer *Habitus*beschreibung. Es wurde bereits mehrfach erwähnt, daß dieser von den Wachstumsgeschwindigkeiten der Flächen abhängt. Da diese Geschwindigkeiten bei realem Wachstum *immer* von den äußeren Faktoren abhängen, muß eine Aufklärung der Abhängigkeit des Habitus von äußeren Faktoren mit einer Bestimmung der Abhängigkeit der Wachstumsgeschwindigkeit von diesen Faktoren gekoppelt werden.

Trotz interessanter theoretischer Ansatzpunkte ist man hier vorerst im wesentlichen auf experimentelle Ergebnisse angewiesen. Einen Überblick vermittelt Kap. V. Vorweg sei bemerkt, daß es nicht einfach ist, Wachstumsbedingungen zu schaffen, die konstante Wachstumsgeschwindigkeiten gewährleisten. Außerdem ist die Zahl der bisher vorliegenden experi-

Tabelle 2
Flächeneinteilung nach der Methode von
HARTMAN und PERDOK (1952, 1953, 1955)
a) Nichtpolare Kristalle

Gittertyp bzw. Substanz	F-Flächen
kubisch raum- und flächenzentriert, Diamantgitter, hexagonal dichteste Kugelpackung	F-Flächen identisch mit G-Flächen der Tab. 1a, sofern gleiche Annahmen über Reichweite der Kräfte zugrunde liegen
Cu_2O (kubisch)	111 110 100
FeS_2 (kubisch)	100 111 210
Schwefel (rhombisch)	111 113 011 001 010 101 (100)
Naphthalin (monoklin)	001 110 $20\bar{1}$ $11\bar{1}$ 100

b) Ionenkristalle

Gittertyp	Kristallsystem	F	S_1	K_1	Literatur
NaCl	kubisch	100[1])	110 (210 S_2)	111	HARTMAN (1953) KERN (1955)
CsCl	kubisch	110[1])	211	100 111	HARTMAN (1953) KERN (1955)
CaF_2	kubisch	111[1])	110	100	KERN (1955)
$NaClO_3$	kubisch	100	110	111	KERN (1955)
$Ca(NO_3)_2$	kubisch	111, 100	110		KERN (1955)
Alaun	kubisch	entweder 100	110	111	KERN (1955)
		oder 100 111 110	?	?	
K_2PtCl_6 (entspr. CaF_2)	kubisch	111	110	100	KERN (1955)
CdJ_2	hexagonal (Schichtgitter!)	0001	?	$10\bar{1}1$	KERN (1955)
$CaCO_3$	rhomboedrisch	100[1])	?	111	KERN (1955)
$BaSO_4$	rhomboedrisch	001 210 101 010 211 100	410 102 111 201 212 110	011	HARTMAN und PERDOK (1955)
KJO_3	monoklin (pseudokubisch)	entweder 100	110	111	KERN (1955)
		oder 100 110 111	?	?	

[1]) Vgl. Tab. 1b.

mentellen Ergebnisse gering, so daß man sich vorläufig in den meisten Fällen mit qualitativen Überlegungen begnügen muß. Das Verständnis der Abhängigkeit des Habitus von der Wachstumsgeschwindigkeit wird sicher erleichtert, wenn hier mit einem einfachen Beispiel an die sogenannte kinematische Theorie des Kristallwachstums erinnert wird, die von BECKE und besonders von JOHNSEN (1910) entwickelt wurde.

Betrachtet wird das Wachstum eines hypothetischen, zweidimensionalen, kubischen Kristallplättchens (von dem in den folgenden Abb. 4 und 5 jeweils nur ein Viertel aufgezeichnet ist). Die Begrenzung der Gleichgewichtsform soll nur zwei Randrichtungen {01} und {11} umfassen. [Hierbei spielen die Ränder die Rolle der Flächen am dreidimensionalen Kristall. Man kann das Bild aber auch als senkrechten Schnitt durch einen kubischen Kristall mit den Flächen 001 (Rand 01) und 011 (Rand 11) lesen.]

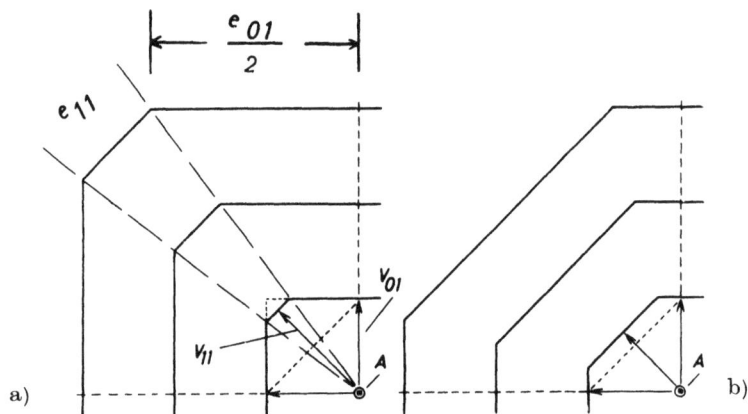

Abb. 4. Beispiele für die Abhängigkeit der stationären Wachstumsform (Habitus) eines zweidimensionalen kubischen Kristalles vom Verhältnis der W. G. der Ränder 01 und 11. – a) $v_{11}/v_{01} = 1{,}25$; b) $v_{11}/v_{01} = 0{,}875$.

Bezeichnet man die Randlänge (Flächengröße) mit e_{11} bzw. e_{01} und die Wachstumsgeschwindigkeit der Ränder in Normalenrichtung mit v_{11} bzw. v_{01}, so ergibt eine einfache geometrische Betrachtung an Hand der Abb. 4:

$$\frac{e_{01}}{e_{11}} = \frac{\sqrt{2}\,\frac{v_{11}}{v_{01}} - 1}{\sqrt{2} - \frac{v_{11}}{v_{01}}}.$$

Daraus folgt, daß die Wachstumsform nur von 01 bzw. nur von 11 Rändern begrenzt ist, wenn $v_{11}/v_{01} \geq \sqrt{2}$ bzw. $\leq \sqrt{2}/2$ ist. Beide Ränder treten gleichzeitig in Erscheinung, wenn $\sqrt{2}/2 < v_{11}/v_{01} < \sqrt{2}$.

Dafür sind zwei Beispiele gezeichnet worden:
1. $v_{11}/v_{01} = 1{,}25$ (Abb. 4a) und 2. $v_{11}/v_{01} = 0{,}875$ (Abb. 4b).

Alle diese Überlegungen gelten jedoch nur für stationäre Wachstumsformen, d. h. das Wachstum muß über längere Zeiten bei konstanten äußeren Bedingungen und damit konstantem v_{11}/v_{01} verfolgt werden, so daß die Größe der Anfangsform vernachlässigt werden kann.

In Abb. 5a ist der Wachstumsvorgang für zwei verschiedene Ausgangsformen A_1 und A_2 aufgezeichnet, deren Größen nicht gegenüber den betrachteten Wachstumsformen vernachlässigt werden können. Für das Verhältnis der Wachstumsgeschwindigkeit wurde der gleiche Wert wie in Abb. 4a gewählt: $v_{11}/v_{01} = 1{,}25$. Man erkennt aus der Abbildung, daß in diesem Fall e_{01}/e_{11} von der Wachstumszeit und der Ausgangsform abhängt, und einen konstanten Wert asymptotisch erst nach längerer Wachstumszeit erreicht.

In Abb. 5b ist der Wachstumsvorgang für eine durch 11-Ränder begrenzte Ausgangsform und für

$$v_{11}/v_{01} > \sqrt{2}$$

aufgezeichnet. Im Anfangsstadium sind die 11-Ränder vorherrschend. Die Länge des 11-Randes nimmt im Verhältnis zur Länge des 01-Randes ständig ab, bis letzterer allein übrig bleibt. Hierbei wird also die stationäre Wachstumsform sehr schnell erreicht.

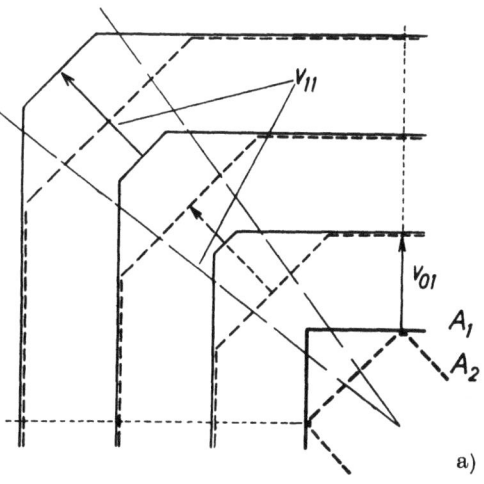

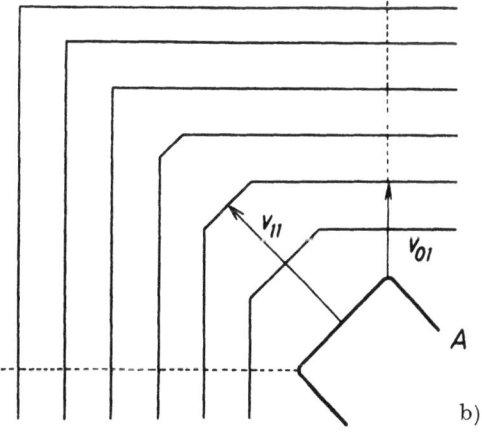

Abb. 5. Beispiele für den Einfluß der Ausgangsformen. – a) $v_{11}/v_{01} = 1{,}25$ (entsprechend Abb. 4a); b) $v_{11}/v_{01} > \sqrt{2}$.

Für einen kubischen Kristall, bei dem nur die Ausbildung von 001- und 111-Flächen (als G-Flächen) möglich sein soll, hängt das Größenverhältnis dieser Fläche entsprechend von $v_{111}/v_{001} = c$ ab. Welche Flächen als Begrenzung der stationären Wachstumsform des Kristalls in Erscheinung treten, ersieht man aus folgender Zusammenstellung:

nur 001-Flächen, wenn $c \geq \sqrt{3}$;
<u>001</u>- und 111-Flächen, wenn $\sqrt{3} > c > 2/\sqrt{3}$;
<u>001</u>- und 111-Flächen, wenn $c = 2/\sqrt{3}$ (Kubokteaeder)
<u>111</u>- und 001-Flächen, wenn $2/\sqrt{3} > c > 1/\sqrt{3}$;
nur 111-Flächen, wenn $c \leq 1/\sqrt{3}$.

Kapitel II

Kristallzüchtung

Im folgenden sollen einige Züchtungsverfahren aus dem Dampf, der Lösung und der Schmelze kurz beschrieben werden. Weitere Literaturhinweise, vor allem auch für die hier nicht berücksichtigten Verfahren (elektrolytische, chemische, hydrothermale, Flammenschmelz- und Rekristallisations-Züchtungen), findet man z. B. im Buch von BUCKLEY „Crystal Growth" (1951) und in Aufsätzen von NEUHAUS (1956) und WILKE (1956). Spezielle Hinweise zum Kristallwachstum in Verbindung mit chemischen und elektrolytischen Reaktionen sind außerdem in Tab. 3 angegeben.

1. Züchtung aus der Dampfphase

Die Züchtung aus der Dampfphase wird vorwiegend in abgeschlossenen evakuierten Versuchsgefäßen, in die die Substanz einsublimiert wird, durchgeführt. Die Verwendung von Glas- oder Quarzröhren, die nach Einfüllen der Substanz unter Vakuum abgeschmolzen werden, erleichtert die Beobachtung. Die Übersättigung wird durch Einstellung unterschiedlicher Temperaturen zwischen der Vorratssubstanz (Bodenkörper) und dem Teil des Versuchsgefäßes, in dem der Kristall wächst, hergestellt. Die bisher angewendeten Verfahren lassen sich in vier Gruppen (A–D) einteilen (vgl. Abb. 6–10).

Das als A bezeichnete Verfahren (Abb. 6) stellt die einfachste Anordnung dar. Das Versuchsröhrchen wird in einem zweigeteilten Thermostaten so gehaltert, daß der Teil, in dem sich der Bodenkörper befindet, auf eine höhere Temperatur als der übrige Teil aufgeheizt werden kann (und umgekehrt). Heizt man zunächst beide Ofenteile auf die gleiche Temperatur T_2 auf, so herrscht im ganzen Röhrchen der zur Temperatur T_2 gehörende Sättigungsdampfdruck $(p_s)_2$. Senkt man die Tempera-

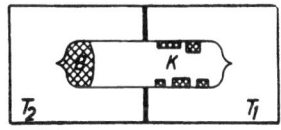

Abb. 6.
Züchtungsverfahren A.

tur im rechten Teil des Ofens auf T_1, so ändert sich an den Druckverhältnissen im Röhrchen praktisch nichts, jedoch ist der herrschende Druck $(p_s)_2$ in bezug auf den Sättigungsdruck $(p_s)_1$ der Temperatur T_1 übersättigt.

Durch langsames Senken der Temperatur kann man die Übersättigung vergrößern, bis Keimbildung beobachtet wird. Diese Keime läßt man dann zweckmäßigerweise bei geringeren Übersättigungen weiter wachsen, um weitere Keimbildung auszuschließen.

Eine nach diesem Prinzip arbeitende Anordnung wurde von VOLMER und SCHULTZE (1931) beschrieben (Abb. 7). Bei etwa 0° C wurden 3 mm große Jod-, Phosphor- und Naphthalinkristalle gezüchtet. Zur Keimbildung waren Temperaturdifferenzen bis zu 2° erforderlich. Dabei entstanden meist einige kleine Kristalle, von denen alle bis auf einen wieder verdampft wurden. Zum Weiterwachsen dieser Kriställchen wurden Temperaturdifferenzen $\Delta T < 0,1°$ eingestellt.

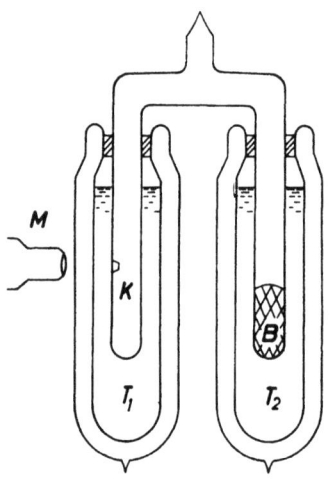

Abb. 7. Zuchtungsverfahren (A) nach VOLMER und SCHULTZE.

VOLMER und SCHULTZE weisen darauf hin, daß die wirksame Übersättigung geringer sein kann als der aus der Temperaturdifferenz ΔT der beiden Temperaturbäder berechnete Wert. Dies ist der Fall, wenn beim Materietransport vom Bodenkörper zum Kristall Diffusionshemmungen wirksam werden oder die Temperatur des wachsenden Kristalles höher ist als diejenige des ihn umgebenden Temperaturbades.

STRANSKI und Mitarb. [STRANSKI und PAPED (1938); KAISCHEW, KEREMIDTSCHIEW und STRANSKI (1942)] untersuchten das Wachstum kugelförmiger Einkristalle von Cd und Zn aus dem Dampf mit einer Anordnung, die im Prinzip durch Abb. 6 wiedergegeben wird. Die kugelförmigen Einkristalle wurden aus einem Schmelztropfen gewonnen, der in geeigneter Weise abgekühlt werden mußte.

Bei der Untersuchung der Sublimation zahlreicher Metalle beobachteten KAHLBAUM und Mitarb. (1902) gleichzeitig neben bzw. innerhalb polykristalliner Aggregate Einzelkristalle bis zu 1 mm Größe. RANDALL und DOODY (1939) züchteten As_4O_6-Kristalle. Es entstanden bei einer über den ganzen Versuch konstant gehaltenen Temperaturdifferenz zahlreiche kleine Kristalle.

Bei dem mit B bezeichneten Verfahren (Abb. 8) wird ein einfaches Versuchsgefäß in einem Ofen gehaltert, der in Richtung der Längsachse einen Temperaturgradienten aufweist. Bei diesem Verfahren wird man von vornherein die Ausbildung mehrerer Kristalle erwarten. Vom Bodenkörper aus, der sich in einem Ende des Versuchsrohres befindet, steigt die Übersättigung kontinuierlich an. Man hat so die einzelnen Übersättigungsbereiche der Einzel- und Vielkeimbildung räumlich getrennt. Bei einer geeigneten Wahl des Temperaturgradienten kann man es erreichen, daß sich in der Mitte des Versuchsrohres wenige Kristalle, am Ende sehr viele ausbilden. Konstante Übersättigungsverhältnisse beim Weiterwachsen der gebildeten Keime sind praktisch nicht zu erreichen. Die Anordnung eignet sich vor allem für Vorreinigungsverfahren und für orientierende Vorversuche zur Bestimmung der Größenordnung der zur Züchtung von Einkristallen notwendigen Parameter und für Trachtbeobachtungen.

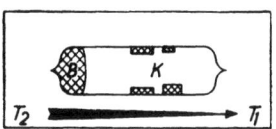

Abb. 8.
Züchtungsverfahren B.

Das Verfahren B wurde von BROWN (1914) zur Züchtung von Se und von KAUFMANN und SIEDLER (1931) zur Darstellung polykristalliner Sublimate von Mg angewendet. Ferner wurden nach diesem Verfahren As_4O_6-Kristalle gezüchtet (nach freundlicher Mitteilung von A. KORB, G. WOLFF und Mitarb.).

Bei dem dritten Verfahren (Abb. 9) wird ein zweiteiliges Versuchsgefäß verwendet. Der Bodenkörper befindet sich im Hauptgefäß. Die Kristalle bilden sich an der Oberfläche eines Einsatzes, wenn geeignete Temperaturdifferenzen eingestellt werden.

Als Anwendungsbeispiele können angegeben werden: die Züchtung von Jodkristallen nach STRAUMANIS und SAUKA (1943) und von Zn- und Cd-Kristallen nach KEEPIN (1950). STRAUMANIS (1931, 1932, 1934) züchtet Cd-, Zn- und Mg-Kristalle ebenfalls in einem zweigeteilten Gefäß, dessen Teile jedoch zusätzlich einen Temperaturgradienten in Längsrichtung aufweisen.

Aus den Untersuchungen geht hervor, daß größere polyedrische Kristalle nur bei kleinen Übersättigungen erhalten werden. Wichtig

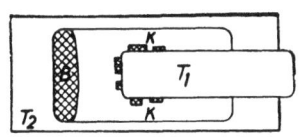

Abb. 9.
Züchtungsverfahren C.

sind ferner die Temperatur der Kristalle und der Druck eines chemisch unwirksamen Fremdgases. Zn-, Cd- und Mg-Kristalle wachsen am besten bei Temperaturen dicht unterhalb ihres Schmelzpunktes. STRAUMANIS erhielt bis zu 1 mm große Zn-Kristalle bei einem H_2-Druck bis zu 4 Torr und KEEPIN züchtete Cd- und Zn-Kristalle bei einem N_2-Druck von einigen 10^{-2} Torr.

Mit Hilfe eines vom Verfasser (1954) beschriebenen Verfahrens D (Abb. 10) gelang die Züchtung von Urotropinkristallen ($10 \times 10 \times 3$ mm). Auch bei diesem Verfahren (D) befindet sich die durch Hochvakuumsublimation vorgereinigte Substanz in evakuierten Glasröhrchen. Letztere werden in einem Metallblockthermostaten auf konstanter Temperatur gehalten. Die Kühlung erfolgt durch eine am Röhrchen anliegende Kupferplatte (10 × 10 mm), deren Temperatur geregelt werden kann. Die Temperaturdifferenz ΔT zwischen Platte und Ofen, d. h. näherungsweise auch zwischen Kristall und Bodenkörper, wird durch ein Thermoelement gemessen. Mittels eines Beobachtungsgerätes (Abb. 11) können die wachsenden Kristalle im Ofen beobachtet und gleichzeitig fotografiert werden [HONIGMANN und HEYER (1955)]. Das Beleuchtungsgerät enthält eine Elektronenblitzröhre zum Fotografieren und eine Glühbirne zur direkten Beobachtung. Die Anordnung ist so getroffen, daß durch einen schwenkbaren Spiegel wahlweise die Glühbirne oder die Elektronenblitzröhre als Lichtquelle benutzt werden können.

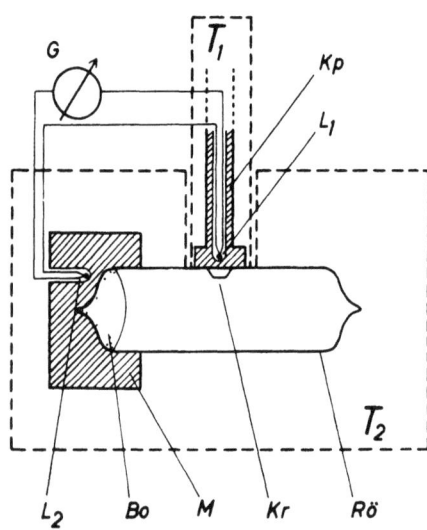

Abb. 10. Züchtungsverfahren D. – Der Wachstumsofen besteht aus zwei Teilen (vgl. Abb. 11). Die gestrichelten Umrisse sollen die beiden Temperaturbereiche andeuten. – T_1 Temperatur der Kühlplatte, gemessen am Punkt L_1; T_2 Temperatur des Hauptofens, gemessen am Punkt L_2; $L_1 L_2$ Lötstellen des Thermoelementes; G Galvanometer; Kp Kühlstab mit Kühlplatte; Bo Bodenkörper; M Metallmantel um den Bodenkörper; $Rö$ Versuchsröhrchen; Kr Kristall.

Die Kühlplatte kann durch einen einfachen Mechanismus vor oder zurück bewegt werden. Hat man den Hauptofen mit dem Röhrchen auf die gewünschte Temperatur (T_2) aufgeheizt, so kann bei zurückgezogener Kühlplatte deren Temperatur (T_1) so einreguliert werden, daß die zur Einzelkeimbildung notwendige Temperaturdifferenz ($\Delta T_e = T_2 - T_1$) beim Andrücken der Platte an das Röhrchen relativ schnell zur Verfügung steht. Die von der Kupferplatte berührte Röhrchenwand wird nun ständig beobachtet. Hat sich ein Keim gebildet, so wächst dieser in wenigen Minuten zu einer im Mikroskop erkennbaren Größe heran. Sobald das Kriställchen sichtbar ist, wird dessen Wachstum durch Zurückziehen der Kühlplatte unterbrochen. Dann kann die für den Wachstumsversuch gewünschte Temperaturdifferenz ΔT_w ($\Delta T_w < \Delta T_e$) eingestellt und die Kühlplatte wieder an die Röhrchenwand angedrückt werden. Haben sich bei der Keimbildung mehrere Kriställchen gebildet, so können diese leicht wieder abgedampft werden, indem die Temperatur der Kühlplatte höher als die des Bodenkörpers eingestellt wird.

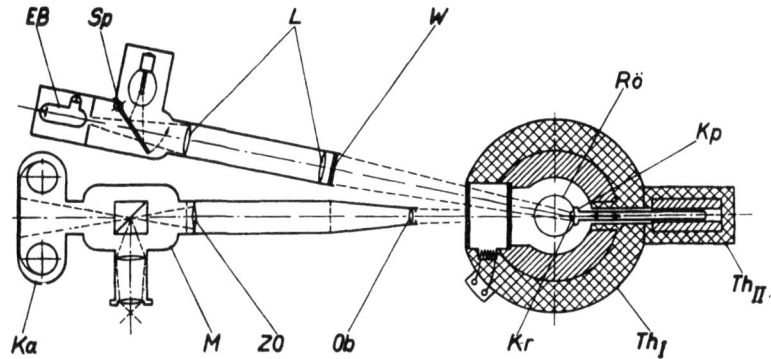

Abb. 11. Beobachtungs- und Photoeinrichtung beim Zuchtungsverfahren D. – EB Elektronenblitzröhre; Sp Spiegel; L Linsen; W Wärmeschutzfilter; Ka Kamera (Robot); M Mikroaufsatz; ZO Zwischenoptik; Ob Objektiv; Th_I, Th_{II} Wachstumsofen (Metallblockthermostaten I und II); $Rö$ Glasröhrchen; Kp Kupferkühlstab mit Kühlplatte; Kr Kristall.

Die Zuchtung erfolgte bisher bei Ofentemperaturen zwischen 30 und 100°, vorzugsweise bei 70° C. Die zur Einzelkeimbildung notwendigen Temperaturdifferenzen lagen zwischen 5 und 20°, und die Wachstumsversuche wurden bei Temperaturdifferenzen unterhalb 5° C, meist unterhalb 1° C, durchgeführt.

2. Züchtung aus der Lösung

Die Verfahren zur Züchtung aus der Lösung kann man idealisiert in drei Gruppen einteilen. Die ersten beiden gehen von der Temperaturabhängigkeit der Sättigungskonzentration aus. Bei der dritten wird ein Anstieg der Übersättigung durch Verdunsten des Lösungsmittels bewirkt.

Beim Verfahren A (Abb. 12) wird die Übersättigung durch Abkühlung oder Erwärmung einer gesättigten Lösung erzeugt, abhängig davon, ob die Sättigungskonzentration mit steigender Temperatur zu- oder abnimmt. Im Normalfall ergibt sich eine steigende Charakteristik des c, T-Diagramms, die auch den folgenden Betrachtungen zugrunde gelegt wird. Für einfache orientierende Versuche genügt es, wenn man die Temperatur einer gesättigten Lösung langsam senkt. Dadurch wird die Übersättigung laufend gesteigert, bis Keimbildung erfolgt. Bei Fortsetzung der Abkühlung wachsen nicht nur die entstandenen Keime weiter, sondern es können laufend neue Keime gebildet werden. Die Neukeimbildung unterbleibt, wenn die Übersättigung durch den Substanzverbrauch der wachsenden Kristalle stark vermindert wird.

Interessiert das Wachstum eines einzelnen Kristalls, wird man praktischerweise von vornherein ein oder einige Kriställchen in die gesättigte Lösung einhängen und jeweils nur solche Übersättigungen herstellen, die zwar ein Wachstum, aber keine Neukeimbildung ermöglichen. Zur Vermeidung von störenden Konzentrationsgradienten muß der Kristall oder die Lösung bewegt werden. Das kann durch Drehen des Kristalls, durch Rühren der Lösung oder durch Drehen des ganzen Kristallisationsgefäßes erfolgen.

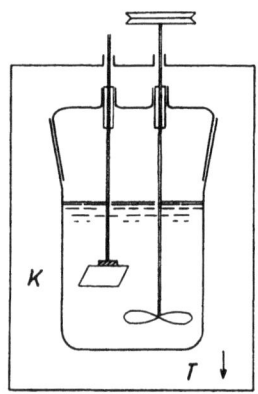

Abb. 12. Züchtungsverfahren A. – Abkühlung einer gesättigten Lösung.

Wenn man die Temperatur der Lösung um einen bestimmten Betrag senkt, und wenn die durch das Wachstum verbrauchte Substanz im Verhältnis zur gelösten Substanzmenge sehr gering ist, so kann man die Übersättigung als angenähert konstant betrachten. Bei der Mehrzahl der Züchtungsversuche wurde darauf bisher jedoch kein besonderer Wert gelegt und die Temperatur lediglich kontinuierlich um geringe Beträge gesenkt.

In diese Gruppe gehört das Verfahren von WULFF (1911), bei dem das Kristallisationsgefäß während der Abkühlung langsam gedreht wird. Dieses Verfahren wurde von BENTIVOGLIO (1927) zur Züchtung von Doppelsulfaten und Tartraten angewendet und verbessert.

MOORE (1919) züchtete Seignettesalz- und Alaunkristalle ohne Drehbewegung. Die Abkühlungsgeschwindigkeit betrug einige Zehntel Grad pro Tag. Zur Züchtung von Kristallen mit einer Länge von etwa 7,5 cm war ein Monat erforderlich.

Bei der neueren Anwendung dieses Verfahrens zur Züchtung von $NH_4H_2PO_4$- und Äthylendiamintartrat-Kristallen durch ROBINSON (1949) und HOLDEN (1949) werden die Kristalle während der Abkühlung gedreht.

Bei dem Verfahren B (Abb. 13) erzeugt man konstante Übersättigungen durch ein Umlaufsystem. Die Lösung wird bei einer Temperatur T_2 durch Vorbeiströmen an einem Behälter mit fester Substanz gesättigt. Sie wird dann in ein Gefäß geleitet, das einen Kristall enthält und auf tieferer Temperatur (T_1) gehalten wird. Die Lösung ist hier übersättigt. Die vom Kristall durch Wachsen verbrauchte Substanzmenge wird bei abermaligem Vorbeiströmen an der Bodenkörpersubstanz ergänzt und der Kreislauf beginnt von Neuem. Die Lösung wird durch Turbinenrührer bewegt. Für einfache Versuche genügt auch die Anwendung des „Zentralheizungsprinzips". Man kann z. B. unter der linken Gefäßseite eine Heizung anbringen. Die erwärmte Lösung steigt nach oben und bringt den Umlauf in Gang.

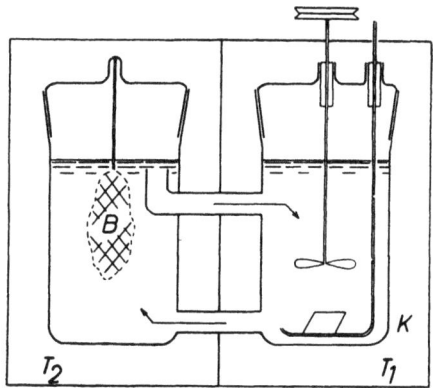

Abb. 13. Züchtungsverfahren B. – Umlauf der Lösung; Temperaturdifferenz zwischen Kristall und Bodenkörper.

Ein einfaches Umlaufverfahren wurde von KRÜGER und FINKE (1910) angegeben, das von VALETON (1915) zur Züchtung von Alaunkristallen verbessert wurde. Es können dabei Temperaturdifferenzen $(T_2 - T_1)$ bis zu 0,01° herunter angewendet werden. Ein Nachteil besteht darin, daß man bei Störungen (z. B. unerwünschte Neukeimbildung an den Gefäßwänden) jeweils das gesamte Gefäß reinigen muß. Danach dauert es dann längere Zeit, bis sich wieder stationäre Verhältnisse eingestellt haben. Dies wird bei einer komplizierten Anordnung nach NACKEN (1916) vermieden. Hierbei kann das den wachsenden Kristall enthaltende Gefäß leichter entfernt und wieder angesetzt werden.

Ein Umlaufverfahren mit modernen technischen Hilfsmitteln wurde von WALKER und KOHMAN (1948) beschrieben. Den Verfassern ist es gelungen, außerordentlich große $NH_4H_2PO_4$-Kristalle ($15 \times 15 \times 53$ cm; 40 Pfund schwer) in etwa vier Monaten zu züchten.

Bei dem Verfahren C (Abb. 14) wird die gesättigte Lösung auf konstanter Temperatur gehalten und gerührt. Die Verdunstung des Lösungsmittels wird durch einen Strom getrockneter Luft, der über die Lösungsoberfläche geleitet wird, reguliert. Durch die Verdunstung des Lösungsmittels steigt die Konzentration des gelösten Stoffes und damit die Übersättigung an. Gleichzeitig wird der Lösung durch das Wachstum eingehängter Kristalle gelöste Substanz entzogen. Ein Ansteigen der Übersättigung bedingt einen Anstieg der Wachstumsgeschwindigkeit und damit eine Verringerung der Übersättigung. So kann sich jeweils über bestimmte Zeiten, in denen sich die Größe der Kristalle nicht wesentlich ändert, ein stationärer Zustand mit konstanter Übersättigung einstellen.

Eine einfache Verdunstungsanordnung wurde von JOHNSEN (1915) beschrieben, die ebenfalls in ähnlicher Form von GILLE und SPANGENBERG (1927) angewendet wurde. NEUHAUS (1928) hat dieses Verfahren für NaCl-Wachstumsversuche verbessert. Es ist möglich, konstante Übersättigungen bis zu 0,001% herunter wochenlang aufrecht zu erhalten. JOHNSEN und SPANGENBERG drehen die Kristalle mit mäßiger Geschwindigkeit, während NEUHAUS die Lösung rührt.

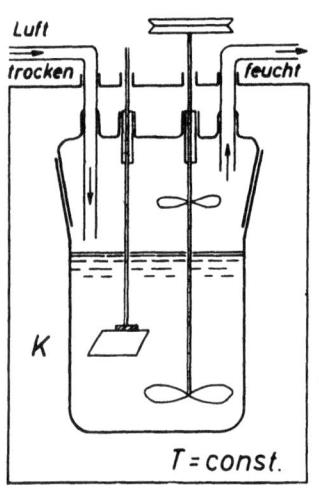

Abb. 14. Züchtungsverfahren C. – Verdunstung des Lösungsmittels bei konstanter Temperatur.

Das von ROBINSON (1949) angegebene Verfahren zur Züchtung von $Li_2SO_4 \cdot H_2O$ unterscheidet sich von den übrigen dieser Gruppe durch die Art der Verdampfungsregelung. Er verwendet einen gekühlten Deckel, an dem sich das verdunstende Lösungsmittel kondensiert. Das Kondensat wird abgeleitet. Es besteht jedoch zu Regelzwecken die Möglichkeit, einen Teil des kondensierten Lösungsmittels in die Lösung zurücklaufen zu lassen.

3. Züchtung aus der Schmelze

Für die Züchtung aus der Schmelze ergeben sich zwei Verfahrensgruppen zur Erzeugung der notwendigen Unterkühlung.

In der ersten Gruppe wird das die Schmelze enthaltende Gefäß von außen abgekühlt. Die einfachste Anordnung entspricht im Prinzip dem Verfahren A des vorigen Abschnitts (Abb. 12). Man kann in die unterkühlte Schmelze einen Kristall einhängen und bei konstanter Temperatur $T_1 (T_1 < T_s)$ wachsen lassen.

Auf diese Weise wurden z. B. von NEUHAUS und NITSCHMANN (1952) größere Salolkristalle gezüchtet (Abb. 15).

Eine besondere Bedeutung hat dieses Verfahren bei der Züchtung von Metallkristallen gewonnen. Hierbei wird dann allerdings kein Wert auf Tracht- oder Habitusbeobachtungen gelegt. Der Vollständigkeit halber sollen hier jedoch Beispiele genannt werden.

Abb. 15. Salol-Polyeder, entstanden in einer um 0,5° C unterkuhlten Schmelze, Länge der Kante {110}:{010} = 16mm. – (Nach A. NEUHAUS und G. NITSCHMANN.)

TAMMANN (1914) stellte bei der Kristallisation von Bi fest, daß sich bei einer Unterkühlung von wenigen Zehntel Graden in Kapillaren jeweils ein einzelner Keim erzeugen läßt. Dieser wächst, und die gesamte Schmelze erstarrt als Einkristall, dessen äußere Form sich natürlich der Gefäßform anpaßt. Dieses Verfahren wurde von OBREIMOW und SCHUBNIKOW (1924) und BRIDGMAN (1925) weiter entwickelt und auch für andere Metalle angewendet.

Die zweite Gruppe (Abb. 16 und 17) umfaßt die Verfahren von NACKEN (1915) und KYROPOULOS (1926), die auf einem einheitlichen Grundprinzip beruhen [vgl. NEUHAUS und NITSCHMANN (1952)]. Die Schmelze wird auf einer Temperatur oberhalb der Schmelztemperatur gehalten. Die Kühlung erfolgt durch einen Kühlstab, an dessen Ende sich der in die Schmelze eintauchende Kristall befindet. NACKEN verwendet für Wachstumsversuche einen Impfkristall, der zu Beginn des Versuchs an dem Kühlstab befestigt wird. Der Kupferstab wird durch eine umlaufende und in einem Thermostaten temperierte Flüssigkeit gekühlt. Um eine unerwünschte Abkühlung der Schmelzoberfläche zu verhindern, ist der Kühlstab durch eine Kupferhalterung abgedichtet, die auf gleicher Temperatur wie die Schmelze gehalten wird. Durch ein Vorratsgefäß kann die Schmelze zu Beginn des Versuchs in das Züchtungsgefäß gedrückt, zum Schluß schnell abgesaugt und während des Versuchs auf konstanter Höhe gehalten werden.

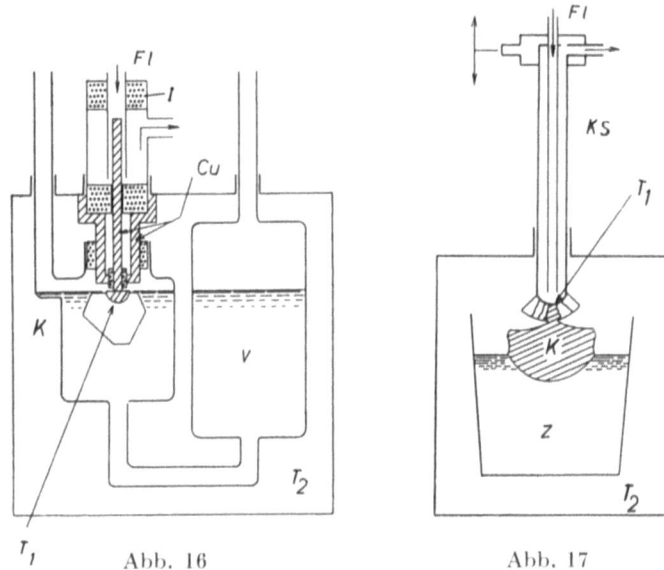

Abb. 16. Züchtungsverfahren aus der Schmelze nach NACKEN. – Fl Kühlflüssigkeit; I Isoliermasse; K Kristall; V Vorratsgefäß; Cu Kupferkühlstab.

Abb. 17. Züchtung aus der Schmelze nach KYROPOULOS. – Ks Kühlstab in vertikaler Richtung heb- und senkbar; Z Züchtungstiegel.

KYROPOULOS erzeugt einen wachstumsfähigen Keim durch einen Kunstgriff. Beim Eintauchen des gekühlten Stabes in die Lösung bilden sich am Stab mehrere Keime, die unregelmäßig zusammenwachsen. Der Stab wird nun aus der Schmelze herausgezogen, so daß nur der mittlere Einkristall des polykristallinen Aggregats die Schmelzoberfläche berührt. Dieser wächst dann bei langsamem Heben des Stabes zu einem großen Einkristall aus. Im allgemeinen ist die äußere Form dieser Kristalle gerundet.

Kapitel III

Experimentell beobachtete Wachstumsformen

Die Besprechung experimentell beobachteter Wachstumsformen erfolgt geordnet nach nichtpolaren und heteropolaren Substanzen und nach Gittertypen (vgl. Tab. 1 und 2). Häufig untersuchte Substanzgruppen gleichen Bindungs- und Gittertyps wurden in Tabellen zusammengefaßt (Tab. 3a–d und 4a–e).

Die Tabellen vermitteln Angaben über beobachtete Flächen an polyedrischen Kristallformen, die unter verschiedenen Bedingungen gewachsen sind. Mitaufgenommen wurden Trachtbeobachtungen an Einkristallkugeln (vgl. Kap. IV) und polykristallinen Aggregaten, sofern daran Wachstumsflächen deutlich zu erkennen sind. Durch eine besondere Einteilung der Tabellen ist zum Ausdruck gebracht, ob die beobachteten Flächen zur Tracht der Gleichgewichtsform der reinen Substanz gehören oder nicht.

Zur Vereinfachung der Übersicht wurden Einzelbeispiele in Gruppen mit ähnlichen Wachstumsbedingungen zusammengefaßt und alle beobachteten Flächen angegeben; davon werden im Einzelversuch alle oder nur einige beobachtet (vgl. Abb. 18–22). Die Fläche, die in der Regel in größter Ausdehnung in Erscheinung tritt, ist unterstrichen. Selten beobachtete Flächen sind eingeklammert. Die Wachstumsbedingungen werden wie folgt eingeteilt: Wachstum aus dem Dampf (Sublimation), der Lösung und der Schmelze; chemische und elektrolytische Kristallisation; Mineralkristalle.

1. Kristalle mit nichtpolarer Bindung

Die Zusammenstellung der Beispiele für nichtpolare Kristalle (Tab. 3) zeigt, daß in Laboratoriumsversuchen beim Wachstum aus dem Dampf (Sublimation), der Lösung und der Schmelze in vielen Fällen nur G-Flächen der reinen Substanz beobachtet worden sind. Ausnahmen sind in der Tab. 3 leicht zu finden, denn bei diesen Beispielen erscheinen Angaben in der Sonderspalte „weitere Flächen". Da im Experiment die stark idealisierten Voraussetzungen der Theorie nicht erfüllt sind, kann man bereits aus diesen Beobachtungen den Schluß ziehen, daß die Tracht der Gleichgewichtsform relativ unempfindlich gegenüber Fremdfaktoren (Gitterfehler und Fremdstoffe) ist.

Andere Flächen als die G-Flächen der reinen Substanz werden vorwiegend bei chemischen und elektrolytischen Kristallisationsvorgängen ausgebildet.

Das ist verständlich, da in beiden Fällen die Wechselwirkungen zwischen den Reaktionspartnern und der Kristallsubstanz und bei den elektrolytischen Vorgängen die zusätzlichen elektrischen Kräfte einen wesentlichen Einfluß ausüben können. Eine Stellungnahme zu den Vorgängen der Elektrokristallisation ist hier nicht möglich, da dies eine eingehende Behandlung der elektrochemischen Grundvorgänge erfordern würde. Eine Einführung und einen umfassenden Überblick vermittelt das Buch von FISCHER (1954). Die Beobachtungen bei chemischen Kristallisationen sollen hier ebenfalls nur als empirische Ergebnisse mitgeteilt werden. Eine erfolgversprechende Diskussion der beobachteten Wachstumsformen ist erst möglich, wenn die Natur der dabei auftretenden Flächen geklärt ist.

An Mineralkristallen von Pt, Au, Ag, Cu, Diamant, Arsen- und Antimontrioxyd werden im allgemeinen die G-Flächen (der reinen Substanz) am häufigsten beobachtet. Zusätzlich werden jedoch noch zahlreiche weitere Flächen angegeben (vgl. Lehrbücher der Mineralogie). Die große Zahl der zusätzlich beobachteten Flächen läßt darauf schließen, daß außer G_f- und W-Flächen auch intermediäre Flächen dabei sind, deren Ausbildung durch Überlagerung von Wachstums- und Auflösungsvorgängen bedingt wird.

Bei den Erläuterungen zur Tab. 3 wurde bereits angedeutet, daß von den summarisch zitierten Flächen in Einzelversuchen sowohl einige als auch alle in sichtbarer Größe[1]) in Erscheinung treten können. Damit sollte zum Ausdruck gebracht werden, daß das Größenverhältnis der Flächen auch bei gleicher Kristallisationsart (z. B. Kristallisation aus der Dampfphase) noch weitgehend von den speziellen Wachstumsbedingungen abhängt. Die Ursache liegt darin, daß die Wachstumsgeschwindigkeit der Flächen von zahlreichen Faktoren beeinflußt wird, vor allem auch von solchen, die die Tracht der Gleichgewichtsform nicht ändern. Bei der Beurteilung dieser Frage ist man bisher bis auf wenige qualitativ theoretische Erkenntnisse im wesentlichen auf experimentelle Ergebnisse angewiesen. In Abschn. 3 dieses Kapitels werden einige ausgewählte Beispiele referiert, die einen Eindruck über die Vielfältigkeit der Erscheinungen vermitteln sollen.

Interessant ist jedoch, daß bei den betrachteten kubischen Gittertypen (Tab. 3a, b und c) jeweils eine charakteristische Fläche häufig habitusbestimmend ist (in der Tabelle durch Unterstreichen gekennzeichnet). Das bedeutet, daß diese Fläche am langsamsten wächst. Es ist für jeden Gittertyp jeweils die Fläche, die auf Grund theoretischer Abschätzungen als langsamst wachsende Fläche bestimmt worden ist: 111 für kubisch-flächenzentriertes Gitter, 110 für kubisch-raumzentriertes Gitter und 111 für

---

[1]) Vgl. Abschn. IV, 3.

Tabelle 3
Wachstumsformen nichtpolarer Kristalle (Elemente, Molekülkristalle)
a) Kubisch flächenzentriertes Gitter

Sub-stanz	Bedingungen	G-Flächen 111 G_I	001	011 G_{II}	Weitere Flächen	Literatur
Cu	Sublimation	x̲	x	(x)		KAHLBAUM u. a. (1902)
						MÜLLER u. a. (1950)
	Schmelze	x̲	x			GROTH (1906)
	Elektrolytisches Wachstum aus:					
	Salzlösungen	x̲	x	x	211, 210 311, 511	WRANGLÉN (1955)
	Cuprochlorid + Cupro-bromid-Lsg.	x		x	$hk0, hkk$	ERDEY-GRÚZ und FRANKL (1937)
Ag	Sublimation	x̲	x		(221)	KAHLBAUM u. a. (1902) FORTY und FRANK (1953)
	Schmelze	x	x	x		GROTH (1906)
	Reduktion von Ag_2SO_4-Lsg. mittels SO_2	x	x̲			
	Elektrolytisches Wachstum (Kugelwachstum) aus:					
	$AgCl + NH_3$-Lsg.	x̲	x	x		ERDEY-GRÚZ (1935)
	$Ag_2O + NH_3$-Lsg.	x̲	x̲			
	weiteren komplexen Salzlösungen	x	x	x	221, $hk0$ $hk1$	
	$AgNO_3$-Lsg.	x	x	x	211, 861	KAISCHEW und Mitarb. (1949)
	Elektrolytisches Wachstum aus: geschmolzenen Silbersalzen	x̲	x		311	ERDEY-GRÚZ und KARDOS (1937)
Au	Sublimation	x̲	x			KAHLBAUM u. a. (1902)
	Schmelze	x̲	x			GROTH (1906)
	Fällung aus Lösung von $AuCl_3$:					
	mit Eisenvitriol		x			GROTH (1906)
	mit Oxalsaure und Amylalk.	x				
	mit Formaldehyd in saurer Lsg.	x	x̲	(x)	(211) ($hk1$)	

Tabelle 3a
(Fortsetzung)

Substanz	Bedingungen	111 G_I	001	011 G_{II}	Weitere Flächen	Literatur
	Kristallisation aus Lsg. in Hg (Goldamalgam) durch Erhitzen		x̲	x	210, 311 321	
	Aus Lsg. in fl. Na-Amalgam			x̲		
Pb	Sublimation	x̲	x			KAHLBAUM u. a. (1902)
	Schmelze	x̲	x			GROTH (1906)
	Elektrolytisches Wachstum	x̲	x	x	311	GROTH (1906), WRANGLÉN (1955)
γ-Fe	Sublimation	x	x			nach GMELIN
	Schmelze (Roheisen)	x̲	x	x		GROTH (1906)
	Reduktion	x	x̲			OSMOND und CARTAUD (1901/02)
Ni	Elektrolytisches Wachstum	?	x̲			LEIDHEISER und GWATHMEY (1951)
Pt	Sublimation	x̲	x			GUNTZ und BASSET (1905)
	Schmelze	x̲	x			GROTH (1906)
	verschiedenartige chem. Reaktionen	x̲	x	x		
CJ$_4$	Sublimation	x̲				WAHL (1913)
	Kristallisation aus Benzol	x̲				MARK (1924)
C$_6$H$_6$Br$_6$	Kristallisation aus Xylol	x̲		x		HENDRICKS und BILICKE (1926)
Adamantan	Sublimation	x̲	x			NOWACKI (1945)
	Sublimation (Kugelwachstum)	x̲	x	x		KAISHEW und Mitarb.

b) Kubisch raumzentriertes Gitter

Substanz	Bedingungen	G-Flächen 011 G_I	001 G_{II}	211 G_{III}	111 G_{III}	Weitere Flächen	Literatur
K . . .	Sublimation	x̲	x	x			Neumann und Hock (1953)
Zr . . .	Kristallisation d. Zersetzung von Zr-Halogeniden	x̲	x				Molière und Wagner (1957)
W . . .	Zersetzung von WCl₆	x̲	x				
W } . . Mo } . . Ta } . .	FEM-Kugelwachstumsversuch	x̲ x̲	x x	x x		(310) (321)	Müller (1949), Honigmann u.a. (1950), Drechsler und Vanselow (1956)
V . . .	Reduktion von V₂O₅ mit Na	x̲	x				Groth (1906)
α-Fe . .	Reduktion von FeCl₃ mit H₂	(x)	x̲			(hk0)	Osmond und Cartaud (1901/02)
α-Fe . .	Elektrolytisches Wachstum aus geschmolzenen Chloriden		x				Renman nach Wranglén (1955)
[Pt(CH₃)₄]₄	Lsg. in alipath. Kohlenwasserstoffen und deren Äther	x̲					Rundle und Sturdivant (1947)
[(C₂H₅)₃-AsCuJ]₄	Lösung (?)	x̲					Wells (1936)
(CH₂)₆N₄	Sublim. Kugelwachstum-Vers.	x̲	x	x			Kaischew (1946/47)
	Sublim. polyedr. Wachstum	x̲	x	(x)			Honigmann und Heyer (1955, 1957)

c) Diamantstruktur*)

Substanz	Bedingungen	G-Flächen 111 G_I	001 G_{II}	011 G_{III}	113	Weitere Flächen	Literatur
Diamant	Mineral. Kristalle	x	x	x	(x)	hkl	Niggli (1926)
Si . . .	Lsgn. in flüssigem In, Ga, Sn	x					G.A.Wolff (1956)
	Schmelze	x					
	Reduktion von SiCl$_4$ mit Al	x̲		x			Groth (1906)
	Reduktion von SiCl$_4$ mit Zn (Gasphase)	x̲	x		(x)		G.A.Wolff (1956)
	therm. Zers. von SiJ$_4$ (Dampfphase)	x̲	x	x	x	013	
Ge . . .	Sublimation	x̲	x				G.A.Wolff (1956)
	Lösungen in Ga, In	x̲					
	Schmelze	x					
	Reduktion von GeCl$_4$ mit H$_2$ (Gasphase)	x̲	x	(x)	x		
As$_4$O$_6$ . .	Sublimation	x̲	(x)	x			G.A.Wolff (1956)
	Sublimation und Kristallisation aus verschiedenen Lösungsmitteln	x̲	(x)			(hhl)	Groth (1906)
Sb$_4$O$_6$ . .	Sublimation	x̲	x	x			Roberts und Fenwick (1928)
	wäßrige Lsg. und konz. H$_2$SO$_4$	x	x				Serra (1935)
	Rostprozeß	x̲		x			Groth (1906)
Bas. Berylliumazetat	Kristallisation aus zahlreichen organischen Lösungen (z. B. Chloroform, Eisessig)	x					Steinmetz (1907)

*) Angabe über Tracht und Habitus von Kristallen mit der dem Diamantgitter ähnlichen *Zinkblendestruktur* findet man z. B. in den Arbeiten von Kern und Monier (1956) und Wolff (1956).

d) Hexagonal dichteste Kugelpackung

Substanz	Bedingungen	0001	10$\bar{1}$1	10$\bar{1}$0	11$\bar{2}$0	10$\bar{1}$2	Weitere Flächen	Literatur
		G_I			G_{II}			
Cd Zn	Sublimation (Kugelwachstumsversuch)	x	x	x	x	x		STRANSKI (1949) und frühere Arbeiten
Cd	Sublimation: in H$_2$	x	x	x				STRAUMANIS (1934)
	in Vakuum (Luft)	x	x	x	x		40$\bar{4}$5 50$\bar{5}$4	GROTH (1906)
	in Vakuum (Luft)	x		(x)		x	20$\bar{2}$5 20$\bar{2}$3	STRAUMANIS (1931)
	Elektrolytisches Wachstum aus einfachen Salzen	x	x	x				FISCHER (1954) und WRANGLÉN (1955)
Zn	Sublimation: in H$_2$ (verm. Druck)	x	x	x	x			STRAUMANIS (1932)
	in Vakuum (Luft)	x	x	x			40$\bar{4}$5 50$\bar{5}$4	GROTH (1906)
	in Vakuum (Luft)	x	x	(x)			20$\bar{2}$3 40$\bar{4}$1	STRAUMANIS (1931)
Mg	Sublimation: in H$_2$	x	x	x				GROTH (1906) STRAUMANIS (1934)
	in N$_2$ und Ar	x	x	x				GROTH (1906)
Be	Reduktion von BeCl$_2$ mit Na+H$_2$	x	x	x	x	x		GROTH (1906)
Ti	Elektrolytisches Wachstum aus geschmolzenen Salzen	x		x				STEINBERG (1952)

Diamantgitter. Daraus kann man folgern, daß eine radikale Änderung der Wachstumsgeschwindigkeiten bei den üblicherweise zur Züchtung angewendeten Wachstumsbedingungen (Dampf, Lösung und Schmelze) ein seltener Vorgang ist. Dies gilt nicht mehr für die Vielzahl der unterschiedlichsten Wachstumsbedingungen bei der Bildung von Mineralkristallen. Hierbei findet man in charakteristischer Abhängigkeit vom Fundort alle G-Flächen als habitusbestimmende Flächen. Das läßt erhoffen, daß man auch im Laboratorium Fremdstoffe finden wird, die durch Änderung der Wachstumsgeschwindigkeiten der G-Flächen vollständige Habitusänderungen an nichtpolaren Stoffen bedingen.

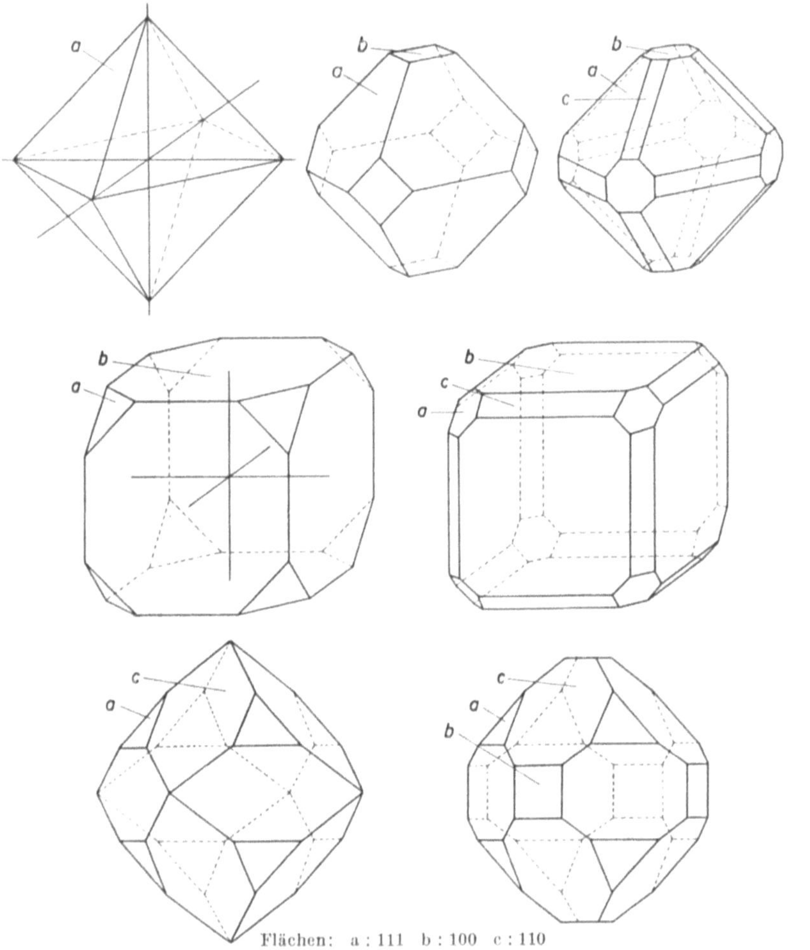

Flächen: a : 111   b : 100   c : 110

Abb. 18. Wachstumsformen von Kristallen mit kubisch flächenzentriertem Gitter: Oktaedrischer Habitus (oben), würfelförmiger Habitus (mitte), rhombendodekaedrischer Habitus (unten).

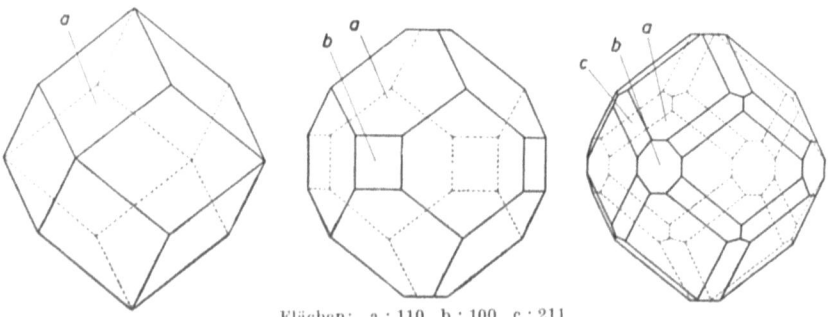

Flächen: a : 110   b : 100   c : 211

Abb. 19. Wachstumsformen von Kristallen mit kubisch raumzentriertem Gitter (vgl. Abb. 25—27).

Kristalle mit nichtpolarer Bindung

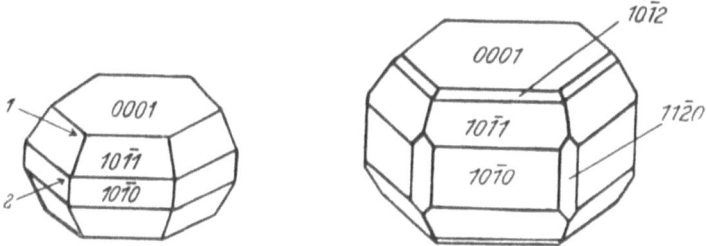

Abb. 20. Wachstumsformen (idealisiert) von Kristallen mit hexagonal dichtester Kugelpackung (nach STRANSKI). – G_I-Flächen (links); G_I- und G_{II}-Flächen (rechts).

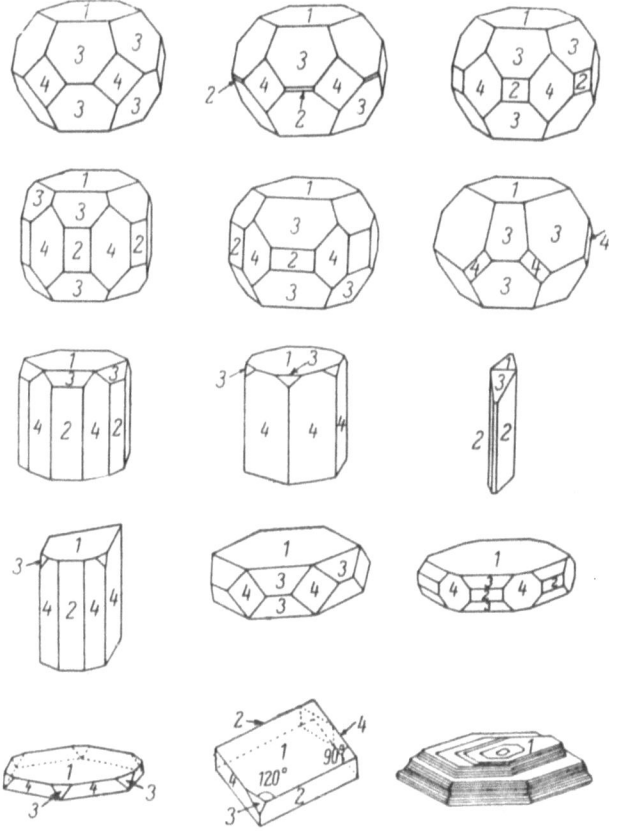

Abb. 21. Wachstumsformen von Zn-Kristallen, die durch Sublimation in Wasserstoff (mit unterschiedlichen H_2-Partialdrucken) gewonnen wurden (nach STRAUMANIS).

Flächen: 1 = 0001 (Basisfläche); 2 = $10\bar{1}0$ (Prismenfläche I. Stellung); 3 = $10\bar{1}1$ (Pyramidenfläche I. Stellung); 4 = $11\bar{2}0$ (Prismenfläche II. Stellung).

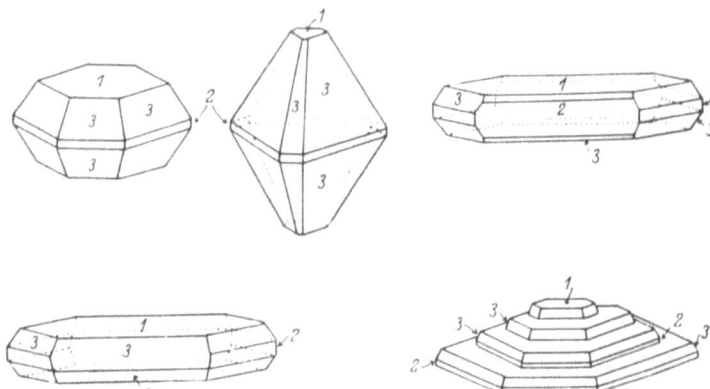

Abb. 22. Wachstumsformen von Mg-Kristallen, die durch Sublimation in Wasserstoff gewonnen wurden. Flächenbezeichnung wie in Abb. 21 (nach STRAUMANIS).

Bei der hexagonal dichtesten Kugelpackung (Tab. 3d) ist die Fläche mit der (nach theoretischen Abschätzungen) geringsten Wachstumsgeschwindigkeit die Basisfläche. Diese ergibt jedoch keine geschlossene Kristallform. In der Reihe steigender Wachstumsgeschwindigkeiten folgen die Prismen- und die Pyramidenflächen. Da aus dem vorliegenden Material keine Entscheidung getroffen werden kann, welche der beiden zuletzt genannten Flächen die größere Bedeutung für den Habitus hat, wurden entsprechende Angaben in die Tabelle nicht aufgenommen.

Für Se- und Te-*Kristalle* reichen die experimentellen Unterlagen nicht aus, um die beobachteten Diskrepanzen zwischen Theorie und Experiment abschließend beurteilen zu können. Beide Substanzen kristallisieren aus der Dampfphase unter Ausbildung von $10\bar{1}1$ und $10\bar{1}0$. Von den theoretisch unter vereinfachten Annahmen bestimmten G-Flächen fehlen 0001 und $01\bar{1}2$. Dagegen werden zusätzlich an Te-Kristallen von STRAUMANIS (1935) $11\bar{2}0$ und $11\bar{2}4$ und an Se-Kristallen $11\bar{2}0$, $12\bar{3}0$ und $23\bar{5}0$ beobachtet.

Das Gitter besteht aus schraubenförmigen Atomketten in Richtung [0001]. Innerhalb der Ketten ist die Bindung zwischen den Atomen homöopolar, während die Ketten durch wesentlich schwächere unpolare Bindungen verknüpft sind. Dies deutet darauf hin, daß die Wachstumsgeschwindigkeit für 0001 besonders groß sein wird, was durch häufig beobachtetes Nadelwachstum in Richtung der c-Achse bestätigt wird.

Das Fehlen der 0001-Fläche an den Wachstumsformen kann also seine Ursache darin haben, daß 0001 zwar G-Fläche ist, wegen der hohen Wachstumsgeschwindigkeit aber nicht in sichtbarer Größenordnung in Erscheinung treten kann. Dafür spricht, daß an Mineralkristallen (Fundort Zalathna

[Siebenbürgen]) außer den sonst vorherrschenden Flächen $10\bar{1}1$ und $10\bar{1}0$ auch die Basisfläche 0001 ausgebildet ist. Für das Fehlen von $01\bar{1}2$ läßt sich vorerst keine Erklärung angeben. Die übrigen Flächen sind vermutlich vergröberte Flächen.

Es wäre aber auch möglich, daß man dem Bindungscharakter besser Rechnung trägt, wenn man außer den starken Bindungskräften innerhalb der Ketten nur eine Komponente für die Bindung zwischen den Ketten statt zwei für die Berechnung zugrunde legt. Dann ist nur $10\bar{1}1$ G-Fläche. Die Existenz der häufig beobachteten 1010-Fläche müßte dann durch die Annahme einer W- (oder G_f-) Fläche erklärt werden.

Die von HARTMAN nach der PBC-Methode untersuchten Substanzen mit Naphthalinstruktur und Schwefel sind zur Klärung der hier zur Diskussion stehenden Fragen geeignet. Hierbei handelt es sich um Molekülgitter mit nichtpolarer Bindung zwischen den Gitterbausteinen. In der Regel kristallisieren diese Substanzen gut und können sowohl aus dem Dampf als auch aus verschiedenen reinen Lösungsmitteln gezüchtet werden, was die Bestimmung der G-Flächen der reinen Substanz sehr erleichtert.

Die für *Schwefel* bestimmten F-Flächen (d. h. die vermutlichen G-Flächen) sind: 111, 113, 011, 001, 010, 101 und 100 (vgl. Tab. 2a). Davon werden bei Kristallisation aus verschiedenen Lösungsmitteln (CS_2, Chloroform usw.) alle bis auf 101 beobachtet. Selten tritt zusätzlich 110 auf. Bei Kristallisation aus der Schmelze erscheinen nur 111, 113 und 011 [GROTH (1906)]. Dies ist erklärbar damit, daß α-Schwefel nur durch stärkere Unterkühlung gezüchtet werden kann. Wachstum bei größeren Überschreitungen führt zu flächenarmen Kristallen, wobei nur die am langsamsten wachsenden Flächen in Erscheinung treten. Erstaunlicherweise konnten keine Angaben über Flächenbeobachtungen für im Laboratorium sublimierte Kristalle gefunden werden.

HARTMAN (1953) gibt eine Übersicht über die Trachtbeobachtungen an 15 organischen Substanzen, die mit *Naphthalin-Struktur* kristallisieren. Es werden bis auf wenige Ausnahmen nur die F-Flächen beobachtet (vgl. Tab. 2a). Mit Naphthalinstruktur kristallisieren unter anderem folgende Substanzen: p-Diphenylbenzol, Anthrazen, Diphenyl, Naphthalin, p-Benzochinon, Pyren, Durol, Dibenzol, p-Dichlorbenzol, p-Chlorbrombenzol, p-Dibrombenzol.

Die von HARTMAN (1953) angegebenen F-Flächen für den *Pyrit-Typ*: 100, 111 und 210 werden in der Regel als die am häufigsten auftretenden Flächen an Pyrit-(FeS_2)- und Laurit-(RuS_2)-Kristallen angegeben. Nach DANA sind die Pyritkristalle meist kubisch, oft pyritoedrisch (210), nicht selten oktaedrisch. An diesen Kristallen werden zusätzlich häufig 321-

Flächen beobachtet. Für Laurit werden die gleichen Flächen außer 321 angegeben. Bei künstlicher chemischer Kristallisation werden von GROTH (1906) für beide Substanzen nur 100 und 111 als Flächen an Wachstumsformen aufgeführt.

Nach GROTH (1906) werden die von HARTMAN und PERDOK (1955) bestimmten F-Flächen für *Cuprit* (Cu_2O): 111, 110 und 100 bei verschiedenen Verfahren chemischer Kristallisation als Wachstumsflächen beobachtet und gehören auch an Mineralkristallen zu den am häufigsten beobachteten Flächen.

2. Kristalle mit heteropolarer Bindung

Ein Blick auf die Tab. 4 a–e zeigt, daß bei allen heteropolaren Substanzen außer den G-Flächen häufig weitere Flächen beobachtet werden. Hierbei handelt es sich um einige spezielle, für den jeweiligen Gittertyp charakteristische Flächen. Wesentlich ist, daß bei Kristallisation aus dem Dampf immer nur die G-Flächen beobachtet werden, die theoretisch für den Idealfall abgeleitet worden sind (in den Tabellen durch einen Doppelpfeil gekennzeichnet).

Aus reinen Lösungen werden (im Gegensatz zu den nichtpolaren Substanzen) auch andere Flächen beobachtet. KERN konnte mehrfach nachweisen, daß in reinen Lösungsmitteln der Grad der Übersättigung einen entscheidenden Einfluß auf die Flächenausbildung hat. Die G-Flächen der reinen Substanz werden bei sehr kleinen Übersättigungen beobachtet (in der Tabelle durch einen einfachen Pfeil hervorgehoben), während bei hohen Übersättigungen meist andere Flächen ausgebildet werden (vgl. Tab. 4). Das beweist, daß bei Kristallisation heteropolarer Substanzen das Lösungsmittel als „Fremdfaktor" zu betrachten ist, dessen Auswirkung vom Mengenverhältnis der gelösten Substanz zum Lösungsmittel abhängt [vgl. auch KLEBER (1957)]. Auch die Einflüsse anderer beigegebener Fremdstoffe auf die Wachstumsformen sind stark konzentrationsabhängig (vgl. Abschn. III, 3) und trotz unterschiedlicher Eigenschaften der Fremdsubstanzen treten immer nur einige wenige spezielle Flächen in Erscheinung.

Für die Erklärung ergeben sich zwei Wege:

a) Unabhängig von spezifischen Einflüssen des Fremdstoffes neigen heteropolare Substanzen zur Ausbildung einiger wiederholbar wachsender vergröberter Flächen (W-Flächen) (vgl. Abschn. VI, 4b). Der Einfluß der Fremdstoffe äußert sich dann vorwiegend durch eine unterschiedliche Beeinflussung der Wachstumsgeschwindigkeit sowohl der G- als auch der W-Flächen.

b) Die zweite Möglichkeit besteht darin, daß durch den Fremdstoff (f) die Tracht der Gleichgewichtsform geändert wird. Als mögliche G_f-Flächen

Tabelle 4
Wachstumsformen heteropolarer Kristalle
a) NaCl-Typ

Substanz	Bedingungen	G-Fläche 100	Weitere Flächen				Literatur
			111	110	210	hkl	
NaCl	Dampfphase (unabhängig von Übersättigung)	x	←—	—	—		GROTH (1906) KERN (1955)
	reine waßrige Lsg.: schwache Übersättigung	x	←—	—			JOHNSEN (1910) KERN (1955)
	starke Übersättigung		x				
	zahlreiche nichtwäßrige Lösungsmittel: schwache Übersättigung	x	←—	—			KERN (1952)
	starke Übersättigung		x				
	Kugelwachstum: reine wäßrige Lsg.	x	x	x	x		ARTEMIEW (1911) NEUHAUS (1928)
	mit Harnstoffzugabe	x	x	x			
	wäßrige Lsg. mit folgenden Fremdstoffen: NaOH, Na₂SO₃, HNO₃, Metallchloride	x̲	x				GROTH (1906); vgl. auch GMELIN, BUCKLEY (1951) und KERN (1952, 1953)
	Harnstoff, Na₂CO₃ ges.		x				
	HgCl₂	x		x̲			
	SbCl₃	x	x̲	x			
	Propion- und Fettsäuren	x̲	x		x		
	Harnlösung					543	
	wäßrige Lsg. mit Fremdkationen	x	x̲	(x)			YAMAMOTO (1938/39)
	wäßrige Lsg.: mit Alanin		x				FENIMORE und THRAILKILL (1949)
	mit Glyzin			x			
	wäßrige Lsg. mit Glykokoll			x			SEIFERT (1952)
	Mineralkristalle vorwiegend	x̲	(x)	(x)			NIGGLI (1926)

Tabelle 4a
(Fortsetzung)

Substanz	Bedingungen	G-Fläche 100	Weitere Flächen				Literatur
			111	110	210	hkl	
KCl	Sublimation	x	←---------				GROTH (1906)
	reine wäßrige Lsg.	x					
	aus wäßriger Lsg. mit zahlreichen Fremdstoffen	x	x	(x)			
	unreines KCl in wäßriger Lsg. mit Urinzusatz					411	
LiF KCl KBr KJ	reine wäßrige Lsg.: geringe Übersättigung	x	←---------				KERN (1952, 1955)
	starke Übersättigung		x		(x)		
NaF	reine wäßrige Lsg.: schwache Übersättigung	x	←---------				KERN (1952)
	mittlere Übersättigung	x	x		x	x	
	starke Übersättigung		x				
	wäßrige Lsg.	x	x	x			FRONDEL (1940)
KCl AgCl AgBr	Mineralkristalle vorwiegend	x	<u>x</u>	x			NIGGLI (1926)
MgO CdO CaO	Sublimation	x	←---------				HARTMAN (1953) GROTH (1906)
MgO MnO NiO	chem. Reaktionen	x	<u>x</u>	(x)			GROTH (1906)
MgO	Mineralkristalle vorwiegend	x	<u>x</u>	x			DANA's System I (1955)

kommen jeweils nur einige wenige niedrig indizierte Flächen in Frage (vgl. Abschn. VI, 6). Experimentelle Beweise dafür, daß eine unter reinen Bedingungen vergröbert wachsende Fläche bei Einwirkung eines Fremdstoffes als G_f-Fläche erscheint, liegen noch nicht vor. Ein solcher Fall kann jedoch immer dann vermutet werden, wenn die neuen Flächen spiegelnde Glätte zeigen.

Die experimentelle Bearbeitung dieser Fragen wird erschwert, da es durchaus denkbar wäre, daß eine Gruppe von Fremdstoffen nach dem erwähnten Mechanismus a) wirkt und daß andere entsprechend b) zusätzlich eine

b) CsCl-Typ

Substanz	Bedingungen	G-Fläche 110	Weitere Flächen 100	111	211	hkl	Literatur
CsCl CsBr CsJ NH$_4$Cl NH$_4$Br	waßrige Lösung: schwache Übersättigung hohe Übersattigung starke Übersättigung	x	x	x			KERN (1955)
CsCl	wäßrige Losung: ohne Zusatz mit La^{++}, Ce^{+++}, Nd^{+++}	x	$\underline{x}$ x	x			YAMAMOTO (1938/39)
	waßrige Losung: ohne Zusatz mit Na$_2$CO$_3$	x x	x $\underline{x}$				GROTH (1906)
CsBr CsJ	wäßrige Lösung	x					
NH$_4$Cl	Sublimation	x					HONIGMANN (unveroffentlicht)
	waßrige Losung: ohne Zusatz mit FeCl$_3$	meist dendritisch				x	GROTH (1906) vgl. YAMAMOTO (1938/39)
	mit Harnstoff, CaCl$_2$, CdCl$_2$		x				
NH$_4$Br	Mineralkristalle	x	(x)		$\underline{x}$		NIGGLI (1926)
	wäßrige Losurg: ohne Zusatz mit Harnstoff, CrCl$_3$, PbBr$_2$		x		x		GROTH (1906)

c) CaF$_2$-Typ

Substanz	Bedingungen	G-Flache 111	Weitere Flächen 100	110	hkl	Literatur
CaF$_2$	Schmelze mit NaCl, KCl, CaCl$_2$ usw.	x				GROTH (1906)
	chemische Reaktionen Mineralkristalle vorwiegend	x	$\underline{x}$	(x)		
BaF$_2$	Sublimation	x				DANA's System (1955) KERN (1953/55)
	wäßrige Lösungen: schwache Übersättigung starke Übersättigung	x	x			

Zahlreiche Komplexsalze mit analoger Struktur [A] [B]$_2$ ergeben aus waßriger Lösung das gleiche Ergebnis wie BaF$_2$. [KERN (1955)]

Experimentell beobachtete Wachstumsformen

d) Alaun-Typ

Substanz	Bedingungen	G-Flächen (?)			Weitere Flächen				Literatur
		001	111	011	012	112	122	hkl	
KAl-Alaun KCr- ,,	rein wäßr. Lsg. *Kugelwachstum*	x x	x x	x x	x	x x	x x		ARTEMIEW (1911)
KAl-Alaun NH$_4$Al- ,, KCr- ,,	reine wäßrige Lsg.: sehr schwache Übersättg. schwache Übersättg. mittlere Übersättg. starke Übersättg.	 x̲ x x 	 x x̲ x̲ x	 x 					KERN (1955)
NH$_4$Al- Alaun KAl-Alaun	stark saure Lösung wäßr. Lsg.: ohne Zusatz mit KOH, Na$_2$CO$_3$ mit Harnstoff mit HCl, H$_2$SO$_4$ mit Farb- stoffen	x x x x x x̲	x x̲ x x x	x x x x 	x x 	x	x		HINTZE (1929/30) GROTH (1908) BUCKLEY (1951) FRANCE (1930)
NaAl-Alaun CsAl- ,, TlAl- ,, RbTi- ,, CsTi- ,, KV- ,, RbV- ,, CsV- ,, VTl- ,, CsCr- ,, KFe- ,, NH$_3$(CH$_3$)Al- Alaun	wäßrige Lsgn.:	x x x x (x) x̲ x x x̲ x x x	x̲ x̲ x̲ x x̲ x̲ x̲ x̲ x̲ x̲ x̲ x̲	 (x) x x 	 x x x x x x 				GROTH (1908)

Änderung der Tracht der Gleichgewichtsform verursachen. Aufklärung kann hier nur von neuen Experimenten erwartet werden.

Im einzelnen erkennt man aus den Tabellen, daß für den NaCl-Typ (Tab. 4a) nur 100 als G-Fläche der reinen Substanz in Übereinstimmung mit der Theorie anzusehen ist, da bei Sublimation und bei Kristallisation aus reinen Lösungen bei geringen Übersättigungen nur die 100-Flächen beobachtet worden sind. MgO und ähnliche Metalloxyde treten als Mineralkristalle häufig mit oktaedrischem Habitus in Erscheinung, desgleichen bei chemischer Kristallisation. Entscheidend ist jedoch, daß bei Sublimation auch dieser Substanzen in der Regel nur 100-Flächen auftreten. Versuche von A. D'Ans ergaben (nach freundlicher Privatmitteilung), daß als Wachstumsformen kleiner MgO-Kriställchen vornehmlich 100 beobachtet werden. Treten zusätzlich „Flächen" an Ecken und Kanten der Würfel auf, so sind diese im elektronenmikroskopischen Bild deutlich als vergröberte Bereiche

e) Kalkspat-Typ

Substanz	Bedingungen	G-Fläche 100	Weitere Flächen			Literatur
			$11\bar{1}$	111	hkl	
$CaCO_3$	kohlensäurehaltige wäßrige Lsg. ($t < 30°$ C) ohne Lösungsgenossen	x		(x)		GROTH (1908)
	NaCl- und KCl-Schmelze	$\underline{x}$		x		
	Lsg. mit verschiedenen Fremdstoffbeigaben	x	x	x	$22\bar{3}$ $7.7.\bar{1}\bar{1}$ $55\bar{7}$ $33\bar{5}$	
	Mineralkristalle in reinen Kalksteinen und Mergeln	$\underline{x}$	x		$(3\bar{1}\bar{1})$ (201)	NIGGLI (1926)
$MgCO_3$ $FeCO_3$ $MnCO_3$ $ZnCO_3$	Mineralkristalle (meist nur 100)	$\underline{x}$	(x)	(x)	$(20\bar{1})$ $(10\bar{1})$ (110) $(\bar{2}11)$ $(3\bar{1}\bar{1})$	
$MnCO_3$	Erhitzen einer Lsg. von gefälltem $MnCO_3$ in kohlensäurehaltigem H_2O	x				GROTH (1908)
$ZnCO_3$	Erhitzen von Zn mit kohlensaurem Wasser	x				
$NaNO_3$ $LiNO_3$	wäßrige Lsg.: schwache Übersättigung	x				KERN (1955)
	hohe Übersättigung			x		
$NaNO_3$	aus fremdstoffhaltigen Lsgn.	$\underline{x}$	x	x		GROTH (1908) und BUCKLEY (1951)

zu erkennen. Die Vergröberung ist meist so unregelmäßig, daß keine kristallographische Indizierung für diese Bereiche angegeben werden kann (vgl. Abb. 52).

Die G-Fläche des CsCl-Typs ist 110. CsCl kristallisiert aber häufig aus wäßrigen Lösungen mit würfelförmigem Habitus. NH_4Cl dagegen zeigt aus wäßriger Lösung und als Mineralkristall häufig 211. Führt man jedoch Versuche aus wäßriger Lösung bei geringen Übersättigungen durch, so ergibt sich für die untersuchten Stoffe nur 110 als Wachstumsform; desgleichen kristallisiert NH_4Cl aus der Dampfphase als Rhombendodekaeder.

Für CaF_2 (Tab. 4c) ist 111 die theoretische G-Fläche. Der häufig beobachtete würfelförmige Habitus bereitete auch hier Deutungsschwierigkeiten. Durch Versuche mit dem im gleichen Gitter kristallisierenden BaF_2 konnte KERN nachweisen, daß bei Sublimation und bei Kristallisation aus wäßriger Lösung und kleiner Übersättigung nur 111 beobachtet wird.

Bei den häufig untersuchten Wachstumsformen von Alaunkristallen (Tab. 4d) ergibt sich als die wichtigste Fläche 111; häufig werden 100 und 110 und zusätzlich gelegentlich 210, 211 und 221 beobachtet. Welche dieser Flächen G-Flächen sind, ist noch nicht geklärt (vgl. Abschn. IV, 1).

Theoretisch ist für Kristalle vom *Kalkspat-Typ* nur 100 als G-Fläche bestimmt worden. Da der weit verbreitete Kalkspat bekanntlich zu den flächenreichsten Mineralkristallen zählt, kommen zunächst Bedenken auf, ob hier die theoretischen Überlegungen in entsprechender Weise wie bei den übrigen Gittertypen anwendbar sind.

Eine genaue Betrachtung der Wachstumsformen zahlreicher Substanzen, die im gleichen Gittertyp wie Kalkspat kristallisieren, ergibt, daß der Flächenreichtum nur beim Kalkspat selbst auftritt. In allen übrigen Fällen werden im wesentlichen nur 100 und einige wenige andere Flächen beobachtet (vgl. Tab. 4e). Sowohl Ca-, Mg- und Zn-Karbonat kristallisieren aus kohlensäurehaltigen wäßrigen Lösungen ohne Lösungsgenossen als reine Rhomboeder. Die gleiche Wachstumsform bestimmt KERN bei geringen Übersättigungen für $NaNO_3$. Dies läßt die Annahme zu, daß 100 die G-Fläche der reinen Substanz darstellt.

Der Flächenreichtum des Kalkspats muß also im wesentlichen in speziellen chemischen Einflüssen gesucht werden. In diesem Zusammenhang soll noch erwähnt werden, daß trotz zahlreicher Versuche mit den verschiedensten Fremdstoffen die Wachstumsformen von $NaNO_3$ immer nur einen rhomboedrischen Habitus aufweisen.

Auf Angaben beobachteter Wachstumsformen der übrigen in Tab. 2b aufgeführten Gittertypen soll verzichtet werden. Beispiele findet man in den der Tab. 2b beigefügten Literaturzitaten und in den bereits mehrfach zitierten Sammelwerken von GROTH (1905, 1906, 1908). Daraus kann man keine wesentlichen neuen Gesichtspunkte zur Frage der G- und W-Flächen gewinnen. In der Regel reicht das experimentelle Material nicht aus, um sichere Rückschlüsse ziehen zu können; das gleiche gilt auch für die Frage nach den W-Flächen. In verstärktem Maße ist man auf weitere Studien der Einflüsse von Fremdfaktoren angewiesen.

3. Experimentelle Untersuchungen über den Einfluß von Fremdfaktoren auf Wachstumsformen

Von den zahlreichen Beispielen über die Beeinflussung von Wachstumsformen durch Fremdstoffe sind hier einige ausgewählt worden, um einen Eindruck über die vielfältigen Erscheinungen zu vermitteln.

In einigen Arbeiten gibt KERN (1952–1955) einen interessanten Überblick über die Einflüsse von Fremdstoffen auf den Habitus von Kristallen mit NaCl- und CsCl-Struktur. Zunächst wird festgestellt, daß der Habitus auch in reinen Lösungsmitteln von der Übersättigung abhängt [vgl. auch JOHNSEN (1910)]. Die Änderung vom würfelförmigen zum oktaedrischen Habitus (100 → 111) für Alkalihalogenide mit NaCl-Struktur vollzieht sich bei einer Übersättigung, die wohl definiert vom System Salz-Lösungsmittel abhängt. Diese „kritische Übersättigung" wird durch Fremdstoffbeigabe herabgesetzt.

Einige Ergebnisse der Messungen sind in Abb. 23 aufgezeichnet. Aufgetragen sind als Ordinate die Übersättigung ($\Delta c = c - c_s$) in Molzahlen des Salzes pro 100 Mole H_2O, und als Abszisse die Konzentration des Fremdstoffes in gleichen Einheiten. Die Kurve der kritischen Übersättigung als Funktion der Konzentration des Fremdstoffes trennt zwei Bereiche: die Punkte unterhalb der Kurve zeigen 100-Ausbildung, die oberhalb 111-Ausbildung an. Es ist bemerkenswert, daß die Habitusänderung 100 → 111 bei genügend kleinen Übersättigungen trotz Gegenwart von Fremdstoffen beliebiger Konzentration ausbleibt, während sie in reinen Lösungen auch ohne Fremdstoffbeigabe bei genügend hohen Übersättigungen erfolgt. Im übrigen vermitteln die Kurven einen Eindruck über die unterschiedliche Wirksamkeit der angewendeten Fremdstoffe, deren Auswahl nach Untersuchungen von BUNN (1933) und ROYER (1934) getroffen wurde.

Wie erläutert, ergeben sich die Habitusänderungen durch Änderung der Größe v_{111}/v_{100}. Wenn $v_{111}/v_{100} \geqq 1{,}73$ ist, entstehen Würfel, wenn $v_{111}/v_{100} \leqq 0{,}58$ ist, dagegen Okteader. Bei Zwischenwerten:

$$1{,}73 > v_{111}/v_{100} > 0{,}58$$

werden Kristalle mit 111- und 100-Flächen ausgebildet. Man müßte also die kritische Übersättigung in Abhängigkeit von der Fremdstoffkonzentration für a) $v_{111}/v_{100} = 1,73$ und für b) $v_{111}/v_{100} = 0,58$ bestimmen. Dann könnte man angeben, daß für Punkte oberhalb der Kurve a nur 100- und unter-

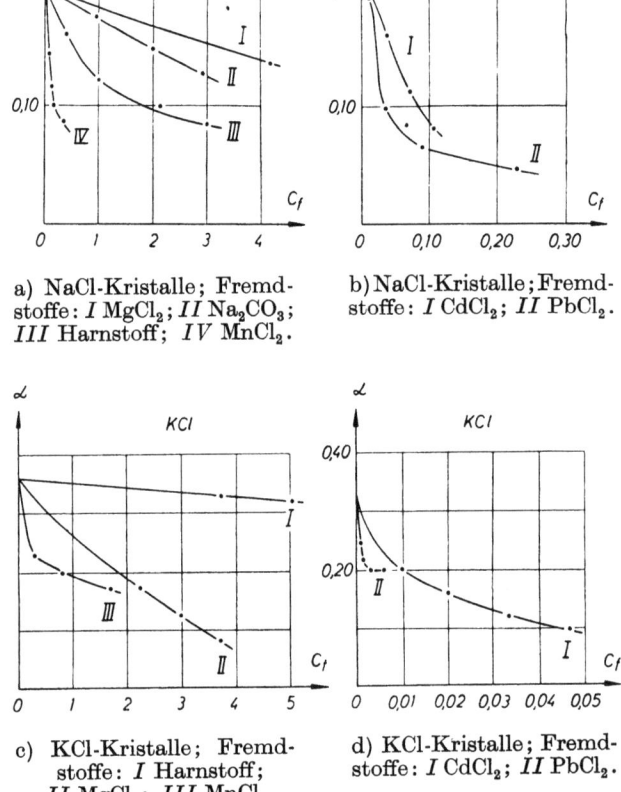

a) NaCl-Kristalle; Fremdstoffe: I MgCl$_2$; II Na$_2$CO$_3$; III Harnstoff; IV MnCl$_2$.

b) NaCl-Kristalle; Fremdstoffe: I CdCl$_2$; II PbCl$_2$.

c) KCl-Kristalle; Fremdstoffe: I Harnstoff; II MgCl$_2$; III MnCl$_2$.

d) KCl-Kristalle; Fremdstoffe: I CdCl$_2$; II PbCl$_2$.

Abb. 23. Kritische Übersättigungen (α) für die Habitusänderungen in Abhängigkeit von der Fremdstoffkonzentration (c_f) [KERN und TILLMANN (1953)].

halb der Kurve b nur 111-Flächen auftreten. Zwischen den Kurven a und b sind beide Flächen zu beobachten. Es bleibt zu klären, warum dieser Bereich in den genannten Experimenten nicht festgestellt wurde.

Die zuletzt geschilderte Vorstellung deckt sich mit experimentellen Ergebnissen von SPANGENBERG (1923/24). Er findet in reiner NaCl-Lösung: $v_{100} < v_{111} < v_{110}$. Bei steigender Harnstoffzugabe (und konstanter Übersättigung) werden die Wachstumsgeschwindigkeiten herabgesetzt. Die Verzögerung ist für 111 am größten und für 110 merklich geringer. Für die Reihenfolge ergibt sich in harnstoffhaltiger Lösung: $v_{111} < v_{100} < v_{110}$. Bei einem Harnstoffgehalt herab bis zu 8,5 g Harnstoff pro 100 ccm gesättigter NaCl-Lösung begrenzen nur 111-Flächen die stationäre Wachstumsform; bis herab zu 5 g Harnstoff erscheinen Kombinationen von 111 und 100 und darunter nur 100.

NEUHAUS (1928) konnte dieses Ergebnis in einem Kugelwachstumsversuch bestätigen. Darüber hinaus wurde festgestellt, daß (v_{111}/v_{100}) sowohl in reinen als auch in harnstoffhaltigen Lösungen von der Übersättigung abhängt.

YAMAMOTO (1938/39) untersucht den Einfluß von Kationen auf das Wachstum von Alkalihalogeniden (und einigen anderen Salzen) und stellt ebenfalls eine Abhängigkeit der Habitusänderung von der Übersättigung fest. Außer 100 werden 111 und gelegentlich 110 (nicht aber 210) beobachtet. An transparenten (guten) Kristallen ist 100 immer spiegelnd glatt, während die übrigen Flächen dagegen vergröbert sind; außerdem wächst nur 100 über Schichten (d. h. 100 ist G-Fläche und 111 und 110 sind W-Flächen).

Einen Eindruck über Fremdstoffeinflüsse auf Alaunkristalle sollen Messungen von FRANCE (1930) vermitteln (Abb. 24). Er hat die Größe v_{100}/v_{111} bei konstanter Übersättigung in Abhängigkeit von der Konzentration verschiedener Fremdstoffe bestimmt. Da Farbstoffe als Fremdsubstanzen beigegeben werden, gewinnt man aus diesen Versuchen auch Hinweise auf den Zusammenhang zwischen Geschwindigkeitsänderung und Adsorption, die durch Färbung indirekt sichtbar wird.

Von mehreren untersuchten Farbstoffen bewirken an Kaliumalaun (Abb. 24a) nur Bismarckbraun (I) und Diaminhimmelblau (II) eine Habitusänderung. Beide Stoffe werden adsorbiert und bewirken eine unterschiedliche Verringerung der v_{111}- und v_{100}-Werte. Himmelblau wird nur an der 100-Fläche adsorbiert, während die 111-Flächen völlig klar bleiben. Durch Bismarckbraun wird der gesamte Kristall leicht braun gefärbt. Bei Konzentrationen des Stoffes II über 0,01% wird $v_{100} = 0$; das Wachstum kommt zum Stillstand, wenn z. B. ein ursprünglich oktaedrischer Kristall nur noch von Würfelflächen begrenzt ist.

Entsprechende Untersuchungen mit Ammoniumalaun ergaben die in Abb. 24b aufgezeichneten Ergebnisse. Bismarckbraun erzielt keinen, Diaminhimmelblau (II) einen unterschiedlichen Effekt. Darüber hinaus wirken Oxaminblau (III) und Anthrachinongrün (I) habitusändernd, während diese beiden Stoffe an Kaliumalaun keine Wirkung zeigten.

Ferner kann man aus den Kurven folgendes ablesen: aus reiner Lösung ergeben sich bei der hier gewählten Übersättigung oktaedrische Kristalle mit kleinen Würfelflächen als stationäre Wachstumsform. In allen Fällen

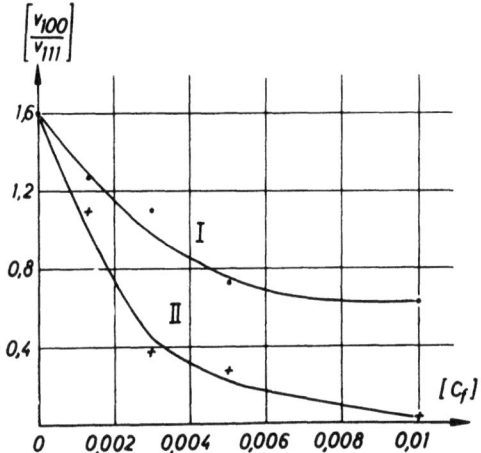

a) Kaliumalaun. Fremdstoffe: *I* Bismarckbraun; *II* Diaminhimmelblau.

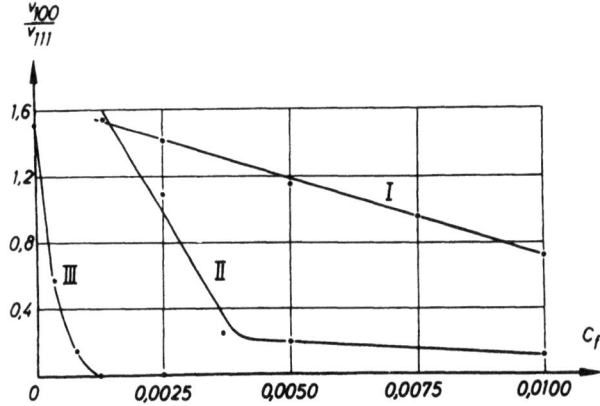

b) Ammoniumalaun. Fremdstoffe: *I* Anthrachinongrün; *II* Diaminhimmelblau; *III* Oxaminblau.

Abb. 24. v_{100}/v_{111} in Abhängigkeit von der Fremdstoffkonzentration c_f [g pro 100 cm³ Lsg.] bei konstanter Übersättigung (FRANCE).

verschiebt sich das Größenverhältnis der 111- und 100-Flächen mit steigender Fremdstoffkonzentration zugunsten der Würfelfläche. Ein vollständiger Würfel resultiert in all den Fällen, in denen $v_{100}/v_{111} < 0{,}58$ ist. Es wäre von Interesse, die gleichen Messungen bei verschiedenen Übersättigungen durchzuführen.

Stärkere *Gitterstörungen* an den Kristalloberflächen können die Wachstumsform beeinflussen. Dieser Effekt wurde an Urotropinkristallen bei verschiedenen Übersättigungen und unterschiedlichen Reinheitsgraden der Substanz und der Versuchsröhrchen untersucht [HEYER und HONIGMANN[1]); vgl. Abschn. II, 1 und V, 1 b.]

Der Reinheitsgrad wird durch die Herstellungsweise der Versuchsröhrchen wie folgt variiert:

(x) In die sorgfältig gereinigten und ausgeheizten Versuchsröhrchen wird vorgereinigte Substanz (Urotropin) durch ausgeheiztes MgO- bzw. C-Pulver einsublimiert. Es wird angenommen, daß an dem MgO- bzw. C-Pulver gasförmige Fremdstoffe adsorbiert werden und so eine zusätzliche Reinigung erzielt wird.

(y) Die Herstellung erfolgt wie unter (x) beschrieben, jedoch ohne Verwendung von MgO oder C. In einigen Fällen wird auch auf das Ausheizen der Röhrchen verzichtet.

(z) In nicht ausgeheizte Röhrchen wird das Urotropin durch gereinigte und getrocknete (aber nicht ausgeheizte) Glaswolle einsublimiert.

Die Sublimation der Substanz und das Abschmelzen der Röhrchen erfolgen in allen Fällen bei laufender Hochvakuumpumpe. Dadurch wird erreicht, daß die Fremdstoffmenge in allen drei Fällen (x, y, z) gering ist. Die Art der Fremdstoffe wurde noch nicht ermittelt.

Es zeigt sich, daß die Wachstumsformen in allen drei Röhrchenserien gleich sind, solange die Kristalle ohne sichtbaren Fehler wachsen. Unabhängig von der Übersättigung werden nur 011-Flächen registriert. Dies ändert sich entscheidend, wenn stärkere Störungen an der Oberfläche einer oder mehrerer 011-Flächen sichtbar werden (vgl. Abschn. V, 3). In einem (x)-Röhrchen bilden sich dann immer 001-Flächen aus. Diese verbreitern ihren Flächeninhalt relativ schnell bis zu einer Endgröße; danach bleibt das Größenverhältnis zu den 011-Flächen beim weiteren Wachstum nahezu konstant (Abb. 25). Die Ausbildung der 001-Flächen unterbleibt bei höchsten Übersättigungen ($> 50\%$). In (y)-Röhrchen werden bei geringen Übersättigungen ($< 5\%$) zusätzlich 100- und 211-Flächen ausgebildet (Abb. 26). Bei höheren Übersättigungen ($> 5\%$) ist die Wachstumsform in allen Fällen bei mikroskopischer Betrachtung nur von 011-Flächen begrenzt. In (z)-Röhrchen sind bisher auch an gestörten Kristallen unabhängig von der Übersättigung nur 011-Flächen beobachtet worden (Abb. 27).

---

[1]) noch unveröffentlicht.

50 Experimentell beobachtete Wachstumsformen

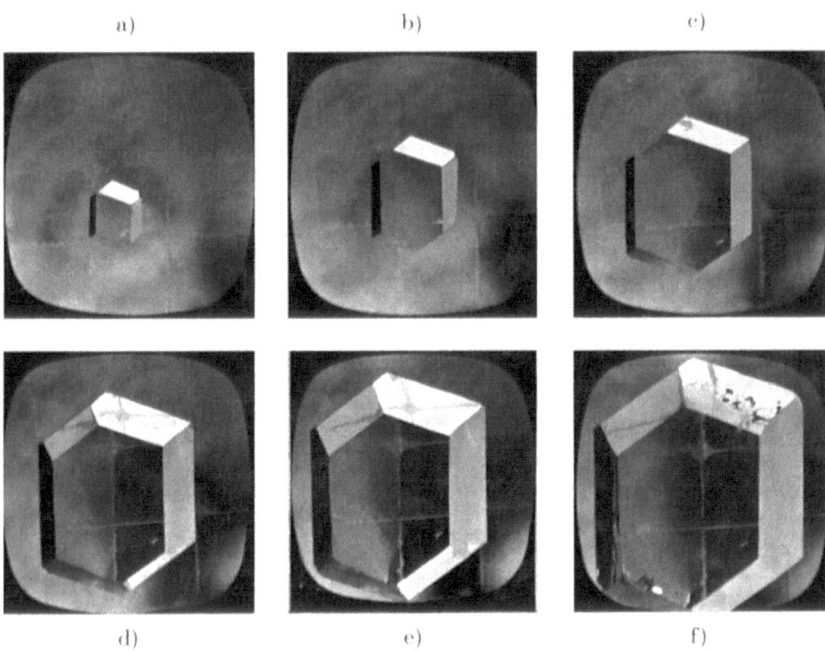

Abb. 25. Wachstum in x-Rohrchen. – a) und b) nur 011-Flächen; c) 001-Fläche angedeutet; d–f) 001-Flächen deutlich sichtbar; f) Fehler deutlich sichtbar (oben rechts und unten links).

Abb. 26. Wachstum in y-Rohrchen. Ausbildung von 001- und 211-Flächen an stark gestörten Kristallen.

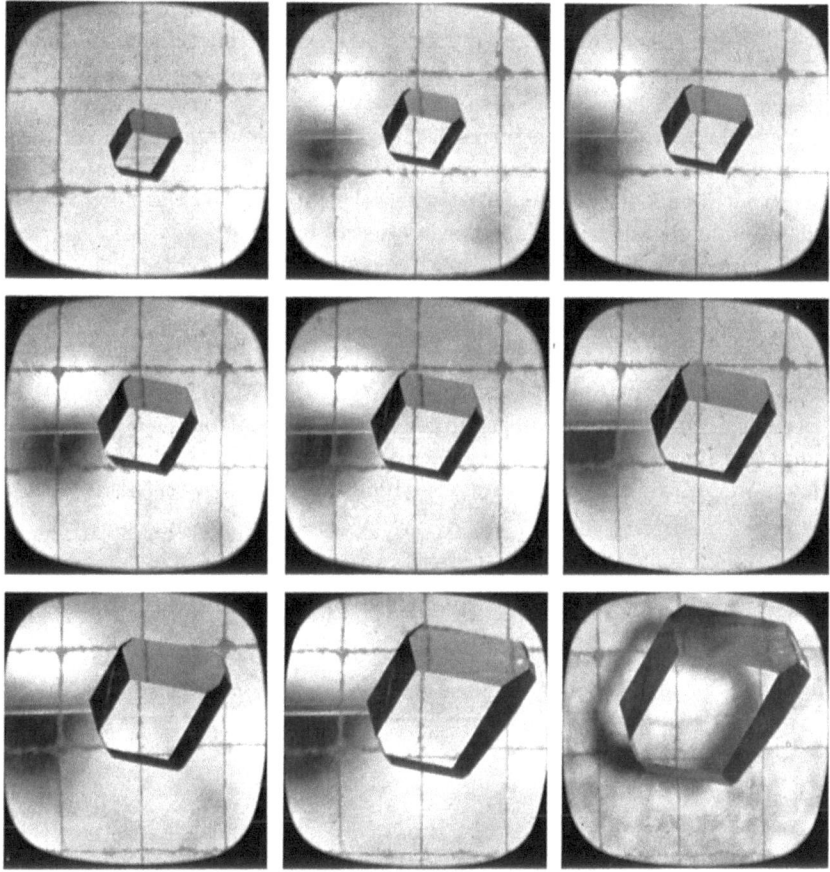

Abb. 27. Wachstum in z-Rohrchen. Fehlerausbildung wird im vorletzten Bild deutlich sichtbar (rechts oben). Der Kristall ist in allen Fallen nur von 011-Flächen begrenzt.

Es sei betont, daß diese Vorgänge nicht allein durch relative Änderungen der Wachstumsgeschwindigkeiten $\left(\text{und damit der Faktoren } \frac{v_{001}}{v_{011}} \text{ bzw. } \frac{v_{211}}{v_{011}}\right)$ erklärt werden können. Wird z. B. nur auf einer 011-Fläche eine stärkere Störung registriert, so treten in der Regel auch *die* 001- und 211-Flächen sichtbar in Erscheinung, die an nicht gestörte, langsamer wachsende 011-Flächen grenzen (vgl. Abschn. V, 3).

Von Bedeutung ist die Aktivierungsenergie der Anlagerung, die durch Gitterstörungen geändert wird (vgl. Abschn. VI, 4c); wahrscheinlich wird auch die Oberflächendiffusion eine Rolle spielen, da Bausteinumlagerungen (Ablösen an Ecken und Kanten und Anlagerung an den Störungen) am Kristall der Bausteinzufuhr vom Bodenkörper durch den Dampf überlagert sein können.

Unabhängig von diesen theoretischen Problemen sollte jedoch mit diesen Versuchen demonstriert werden, daß für die Beurteilung eines speziellen Faktors (hier: Gitterstörungen) die Berücksichtigung der Übersättigung und des Reinheitsgrades der Substanzen unerläßlich ist.

Zahlreiche weitere Beispiele und zusammenfassende Erörterungen über Tracht- und Habitusbeeinflussung durch Fremdfaktoren findet man z. B. in den Büchern von TERTSCH (1926) und BUCKLEY (1951), in Bd. 5 Faraday Disc. (1949) und in Artikeln von SPANGENBERG (1934), SEIFERT (1935/37, 1955), WELLS (1946) und KERN und MONIER (1955/56). Auch auf die zahlreichen Untersuchungen über die orientierte Kristallabscheidung, Epitaxie, und auf deren Zusammenhang mit dem Habitus-Trachtproblem soll hier hingewiesen werden [vgl. NEUHAUS (1952) und SEIFERT (1953)].

Kapitel IV

Experimentelle Methoden zur Bestimmung der Tracht der Gleichgewichtsform und Möglichkeiten zur experimentellen Bestimmung der Gleichgewichtsform selbst

Im vorigen Kapitel wurde gezeigt, daß man aus der Beobachtung von polyedrischen Wachstumsformen bereits zahlreiche Anhaltspunkte über die Tracht der Gleichgewichtsform und über die W-Flächen gewinnen kann.

Besondere experimentelle Methoden sind jedoch erforderlich, um *alle* G- und W-Flächen mit einiger Sicherheit angeben zu können; desgleichen, um W- und G-Flächen unterscheiden zu können, wenn die vergröberte Struktur der W-Flächen nicht ohne besondere Hilfsmittel zu erkennen ist. Verfahren zur Bestimmung der Gleichgewichtsform selbst (d. h. Tracht *und* Habitus) stellen erhebliche Anforderungen an den Experimentator. Von keinem der bisher in dieser Richtung durchgeführten Experimente kann mit Sicherheit behauptet werden, daß die experimentelle Realisierung der Gleichgewichtsform gelungen sei. Die über die genannten Probleme Auskünfte gebenden Experimente werden in diesem und dem folgenden Kapitel beschrieben.

1. Kugelwachstumsversuche

Läßt man Einkristallkugeln bei geringen Übersättigungen wachsen, so treten im Anfangsstadium zwangsläufig alle Flächen (G- und W-Flächen) als ebene Kugelabschnitte in Erscheinung. Die große Bedeutung von Kugelwachstumsversuchen hat ARTEMIEW (1911) als Erster erkannt. Die Methode ist danach mehrfach angewendet worden [NEUHAUS (1928), SPANGENBERG (1934), STRANSKI (1939 und 1949), KOSSEL (1952), weitere Literaturzitate bei den angegebenen Arbeiten].

Kugelförmige Kristalle können nach verschiedenen Verfahren hergestellt werden. Vielfach werden die Kugeln aus Einkristallen durch mechanisches Abdrehen hergestellt. Die dabei zerstörten Oberflächenbereiche werden durch Anlösen oder Ätzen entfernt. Eine weitere Möglichkeit besteht darin, einen Schmelztropfen unter Einhaltung besonderer Vorsichtsmaßregeln zu einem halbkugelförmigen oder auch linsenförmigen Kristall erstarren zu lassen. Auch beim Wachstum bei Anwendung des NACKEN-KYROPOULOS-Verfahrens können gerundete Kristalle entstehen, desgleichen beim Tempern von Metallspitzen.

Angaben über bei Kugelwachstumsversuchen beobachtete Flächen sind bereits in den Tab. 3 und 4 vermerkt. Bevor Einzelheiten referiert werden, sollen die Vorgänge beim Weiterwachsen einer Einkristallkugel kurz erklärt werden.

Auf Grund der atomistischen Struktur eines Kristalls ist selbst eine ideale Einkristall„kugel" in Wirklichkeit ein Polyeder mit einer außerordentlich großen Zahl von zunächst glatten Flächen (vgl. Abb. 36). Von

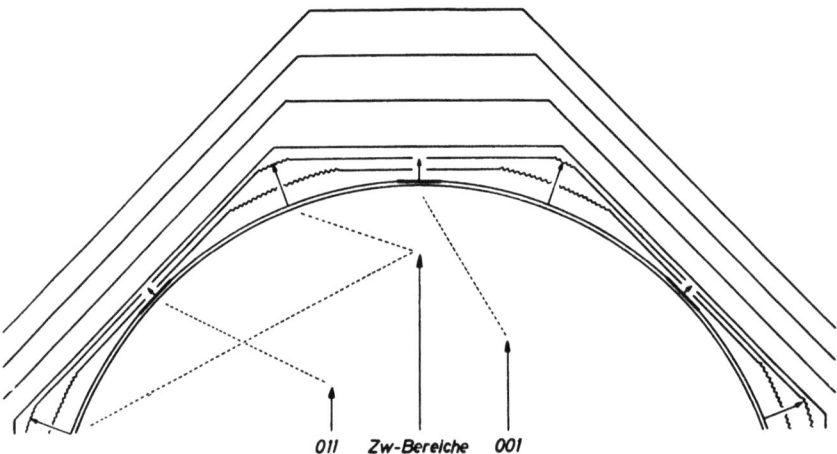

Abb. 28. Schematische Darstellungen der verschiedenen Phasen von Kugelwachstumsversuchen (Querschnittzeichnung).

all diesen glatten Flächen wachsen nur einige wenige wiederholbar, bleiben also glatt und sind nach Definition G-Flächen; alle übrigen vergröbern. Da vergröberte Flächen schneller wachsen als G-Flächen, treten letztere zwangsläufig als ebene Kugelschnitte in Erscheinung, deren Flächenausdehnung laufend zunimmt. Von den vergröberten Flächen können einige wenige unter Umständen ebenfalls wiederholbar wachsen und zu W-Flächen werden. Diese W-Flächen wachsen ebenfalls langsamer als die ungleichmäßig vergröberten Flächenelemente. Da letztere unabhängig von ihrer Lage etwa gleich schnell wachsen, treten auch W-Flächen als Kugelschnitte in Erserscheinung. Bei makroskopischer Beobachtung sind im Anfangsstadium die spiegelnd glatten G-Flächen deutlich von den übrigen matten Oberflächenbereichen (Zwischenbereiche) zu unterscheiden. So lange die Vergröberungsstufen der W-Flächen sehr klein sind, erscheinen auch diese spiegelnd glatt; auch wenn die Vergröberungen sichtbar werden, ist die kreisrunde Flächenberandung noch deutlich zu erkennen. Beim Weiterwachsen vergrößert sich der Flächeninhalt der Flächen, bis zunächst einzelne, dann alle in Kanten zusammenstoßen. Weiteres Wachstum führt schließlich zur Bildung eines Polyeders, dessen Habitus von den Wachstumsgeschwindigkeiten der einzelnen Flächen abhängt. In Abb. 28 ist ein solcher Vorgang schematisch in allen Phasen dargestellt. In Abb. 29–33 sind einige Photos von Kugelwachstumsversuchen zusammengestellt.

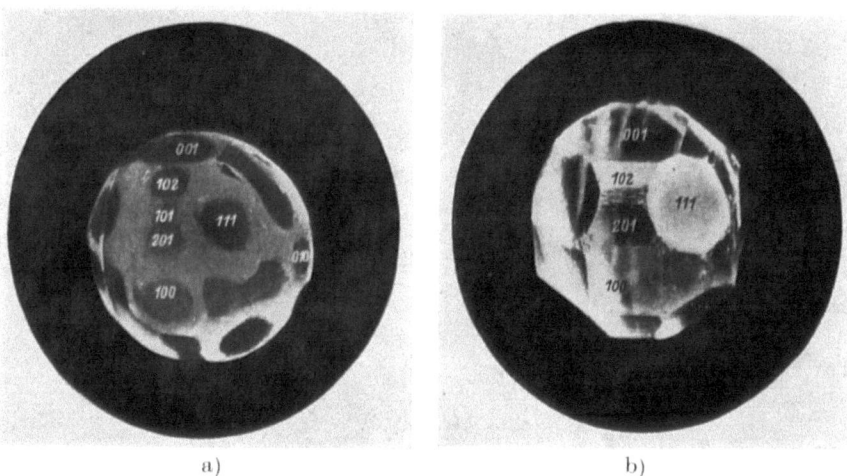

Abb. 29. Wachstum einer NaCl-Kugel aus waßriger Lösung [NEUHAUS (1928)].

Da im Anfangsstadium die kreisrunden Flächen von den übrigen deutlich sichtbar durch matte Zwischenbereiche getrennt sind, kann man mit Sicherheit *alle* Flächen bestimmen, die an der Substanz bei den jeweiligen Wachstumsbedingungen überhaupt auftreten können.

Wie bereits mehrfach erläutert, ändern Fremdfaktoren in vielen Fällen lediglich die Wachstumsgeschwindigkeiten der Flächen. Dies kann bei polyedrischem Wachstum zur Folge haben, daß G-Flächen mit besonders großer Wachstumsgeschwindigkeit nicht in Erscheinung treten. An Hand der Abb. 28 kann man sich leicht klar machen, daß beim Kugelwachstum das Erscheinen der Flächen als kreisrunde Kugelabschnitte unabhängig vom Verhältnis der Wachstumsgeschwindigkeiten der einzelnen Flächen ist; man muß dabei nur berücksichtigen, daß die Wachstumsgeschwindigkeit der vergröberten Zwischenbereiche immer größer als die der Flächen ist. Das erklärt, daß man am Kugelwachstum auch dann *alle* (G- und W-) Flächen der reinen Substanz bestimmen kann, wenn eine Beeinflussung der Wachstumsgeschwindigkeiten durch Fremdstoffe vorliegt.

56 Experimentelle Methoden zur Bestimmung der Tracht der Gleichgewichtsform

So beobachtete NEUHAUS (1928) an Steinsalzkugeln, unabhängig davon, ob die Versuche in reinen oder harnstoffhaltigen Lösungen durchgeführt werden, im Anfangsstadium (bis auf 210) die gleichen Flächen (vgl. Tab. 4a).

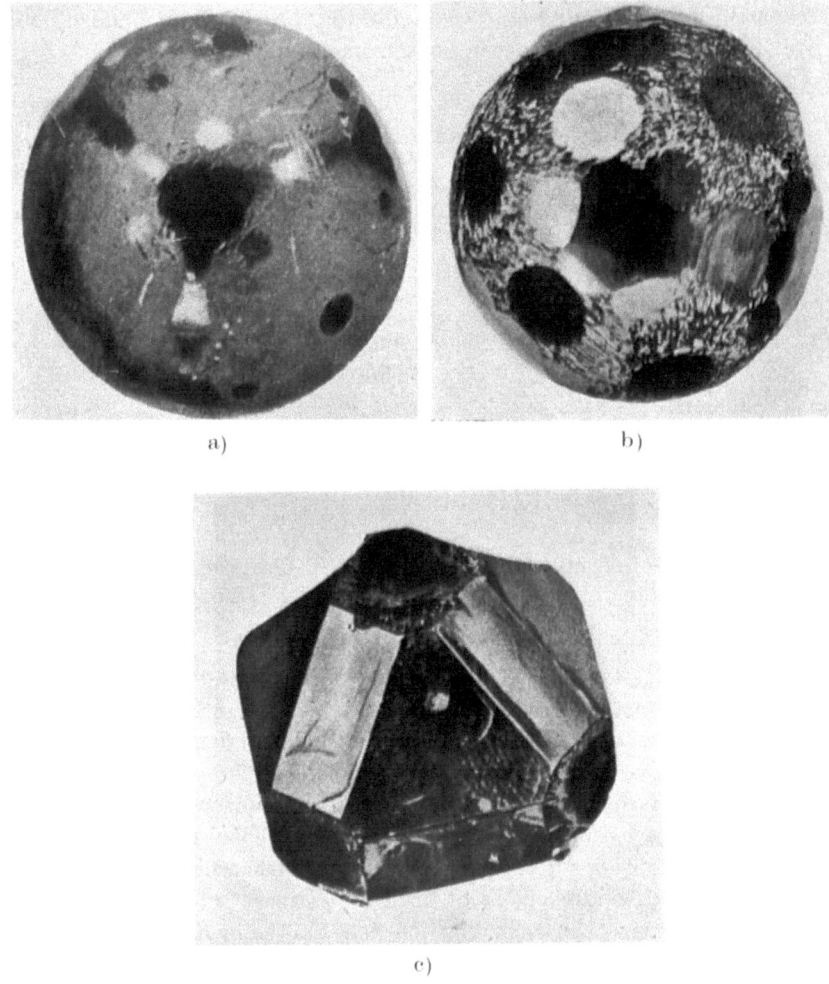

Abb. 30. Wachstum einer Alaun-Kugel aus waßriger Losung [Aufnahmen von SPANGENBERG und GUNTHER, reproduziert aus einer Arbeit von KOSSEL (1928)].

Da jedoch durch Harnstoff die Wachstumsgeschwindigkeit der 100-Fläche wenig, die von 111 jedoch stärker verringert wird, dominiert in reiner Lösung 100 und in harnstoffhaltiger Lösung 111.

Zur Frage, ob es sich bei den im Kugelwachstumsversuch beobachteten Flächen um G- oder W-Flächen handelt, findet man in der Literatur nur wenige Angaben.

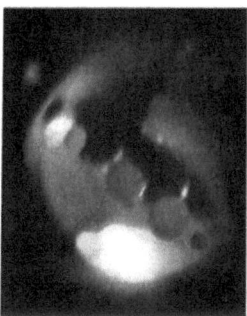 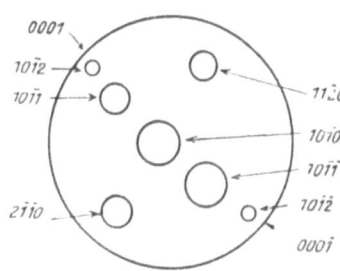

Abb. 31. Wachstum einer Zink-Kugel aus dem Dampf [KAISCHEW, KEREMIDTSCHIEW und STRANSKI (1942)].

An NaCl-Kugeln sind nach längeren Wachstumszeiten auf allen Flächen bis auf 100 Vergröberungen zu erkennen; 111, 110 und 210 sind also W-Flächen.

Aus reiner wäßriger Lösung beobachtet ARTEMIEW an Kaliumaluminiumalaun nach zwei Stunden die Flächen 100, 111, 110, 211, 221 und 210. Mehrstündige weitere Kristallisation führt zum Verschwinden der letzten drei

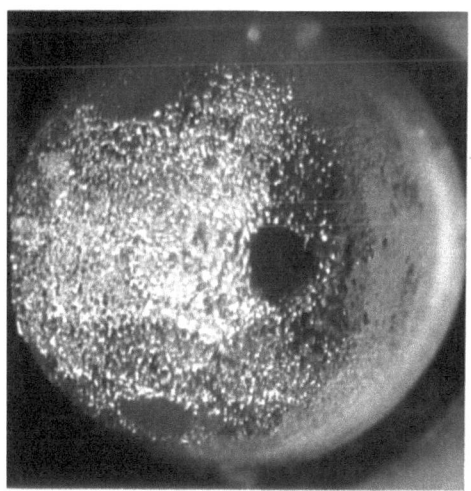 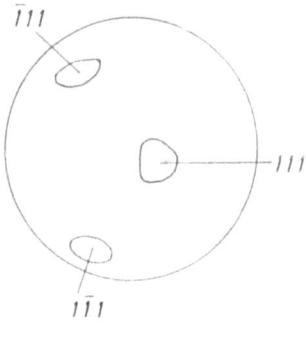

Abb. 32a. Stromdichte: 750 mA/cm²; Temperatur: 20° C.

58   Experimentelle Methoden zur Bestimmung der Tracht der Gleichgewichtsform

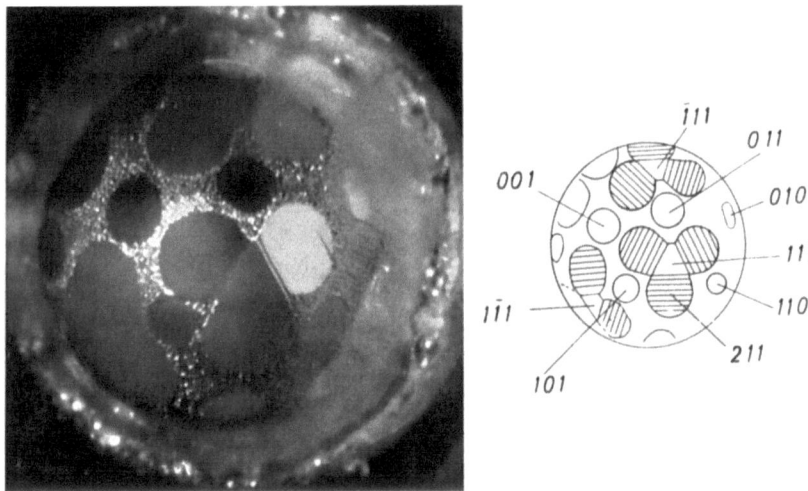

Abb. 32b.
Stromdichte: 5 mA/cm²; Temperatur: 45° C. Die 211-Flächen sind möglicherweise vergröbert (s. 32c).

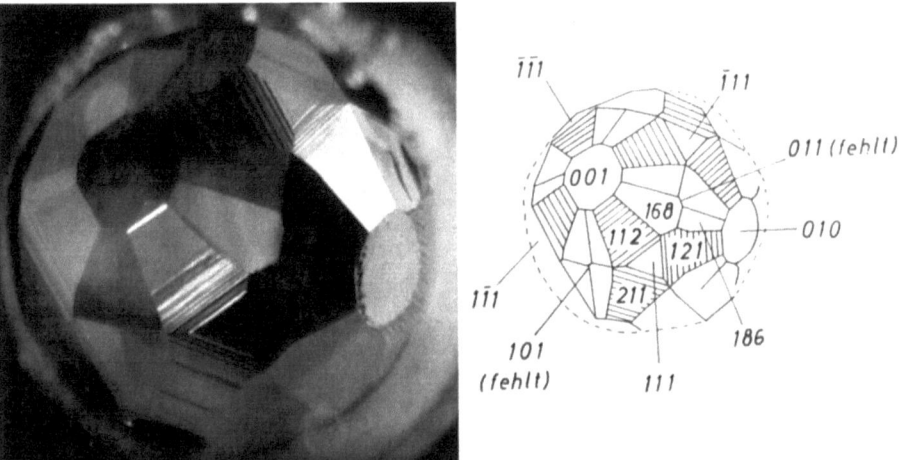

Abb. 32c. Stromdichte: 5 mA/cm²; Temperatur: 30° C. 211 ist deutlich vergrobert (W-Flache).

Abb. 32. Elektrolytisches Wachstum von Silberkugeln aus einer Lösung: 6n AgNO₃ + 0,5n HNO₃. [KAISCHEW, BUDEWSKI und MALINOWSKI (1949)].

Flächen, obwohl die drei ersten Flächen noch nicht in Kanten zusammenstoßen, die Kugelform also noch zu erkennen ist. Das kann als Hinweis dafür gewertet werden, daß die ersten drei Flächen G-, die übrigen W-Flächen sind.

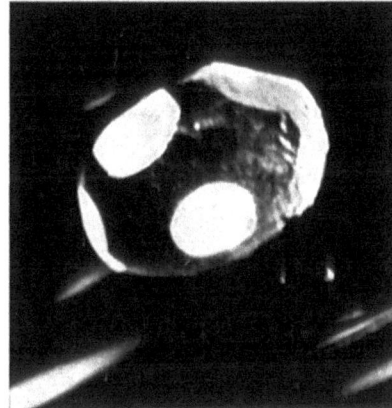

Abb. 33. Wachstum von Adamantankugeln aus dem Dampf (bisher unveröffentliche Aufnahmen von KAISCHEW und Mitarb.).

ARTEMIEW beschreibt ferner Beobachtungen an folgenden Kristallen: gelbes Blutlaugensalz, Natriumthiosulfat, Kaliumdichromat und Kupfersulfat. Auf eine nähere Diskussion der Ergebnisse soll verzichtet werden, da keine theoretischen Bestimmungen der G-Flächen vorliegen.

Interessant ist die Feststellung, daß in allen Fällen einige der anfänglich sichtbaren Flächen im weiteren Verlauf des Wachstums wieder verschwinden. ARTEMIEW spricht von unbeständigen oder sekundären Flächen. Das ist der erste Hinweis darauf, daß bei Beurteilung von Kugelwachstumsversuchen auch das Auftreten intermediärer Flächen diskutiert werden muß, wobei im Einzelfall zu entscheiden ist, ob man diese zu den V-Bereichen oder W-Flächen zählen kann.

An Kugeln nichtpolarer Kristalle werden neben den theoretisch bestimmten G-Flächen nur dann andere Flächen beobachtet (vgl. Tab. 3), wenn besondere Wachstumsbedingungen vorliegen (vgl. Abschn. III, 1). Besonders aufschlußreich sind die Versuche von KAISCHEW und Mitarb. (1949). Untersucht wird das elektrolytische Wachstum von Silberkugeln aus Silbernitratlösung (Abb. 32). Bei hoher Stromdichte werden nur die 111-Flächen beobachtet, bei geringer Stromdichte zusätzlich die Flächen 100, 110, 211 und 168. Die ersten drei Flächen sind G-Flächen. 211 kann auf einigen Bildern deutlich als W-Fläche identifiziert werden. Da auf 168 keine Vergröberungen zu erkennen sind, bleibt offen, ob diese Flächen W- oder G_f-Flächen sind. STRANSKI und Mitarb. haben an Cd und Zn (1939, 1942, 1948) neben solchen Versuchen, bei denen nur die G-Flächen in Erscheinung treten (Abb. 31) auch orientierte Vergröberungserscheinungen beobachtet, die auf spezielle Wachstumsbedingungen zurückgeführt werden müssen.

60 Experimentelle Methoden zur Bestimmung der Tracht der Gleichgewichtsform

Unter besonders reinen Bedingungen ist das Kugelwachstum von Wolfram, Molybdän und Tantal im Feldelektronenmikroskop (FEM) nach E. W. MÜLLER untersucht worden (vgl. Tab. 3). Da die im FEM abgebildete einkristalline Kathodenspitze einen Radius von nur 10^{-5} cm hat, kann man annehmen, daß der Kristall von größeren Gitterstörungen (Korngrenzen) weitgehend frei ist. Die Versuche werden im experimentell bestmöglichen

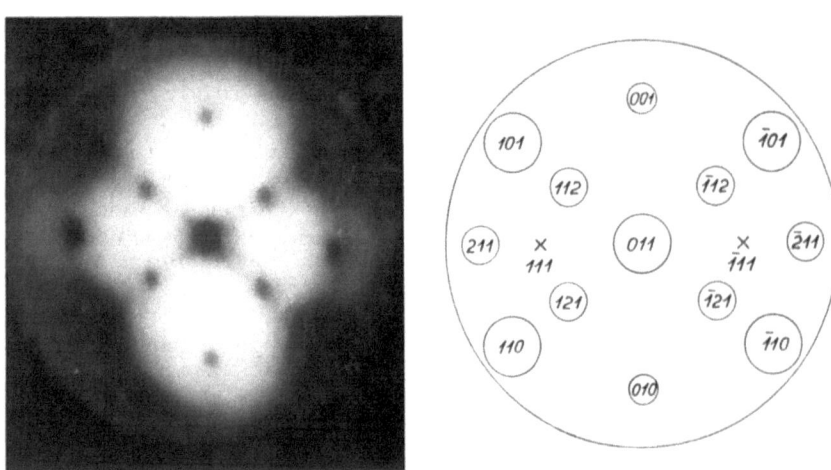

Abb. 34. FEM-Bild. – Gerundete Wolframspitze (sog. Temperform).

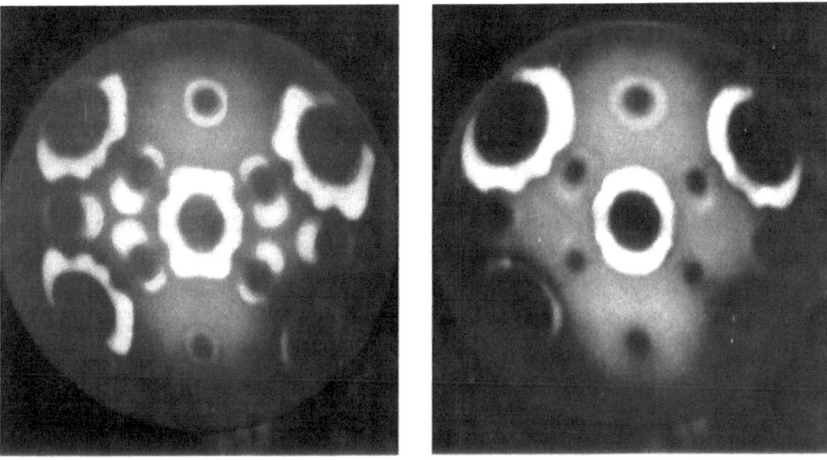

Abb. 35. Wachstumsform durch Aufdampfen von Wolfram auf die heiße Wolframspitze bei Kondensationstemperaturen von 1290° K (*links*) und 1580° K (*rechts*).

Vakuum durchgeführt, und man kann sich im Elektronenbild von der Abwesenheit von Fremdadsorptionsschichten laufend überzeugen. Durch Glühen der Spitze bei genügend hohen Temperaturen (für Wolfram über 2000° K) ergibt sich eine gerundete Oberflächenform. Wegen des diskontinuierlichen Aufbaus der Substanz aus Atomen besteht die gerundete kristalline Oberfläche aus zahllosen Flächenelementen, die stufenförmig aneinander gren-

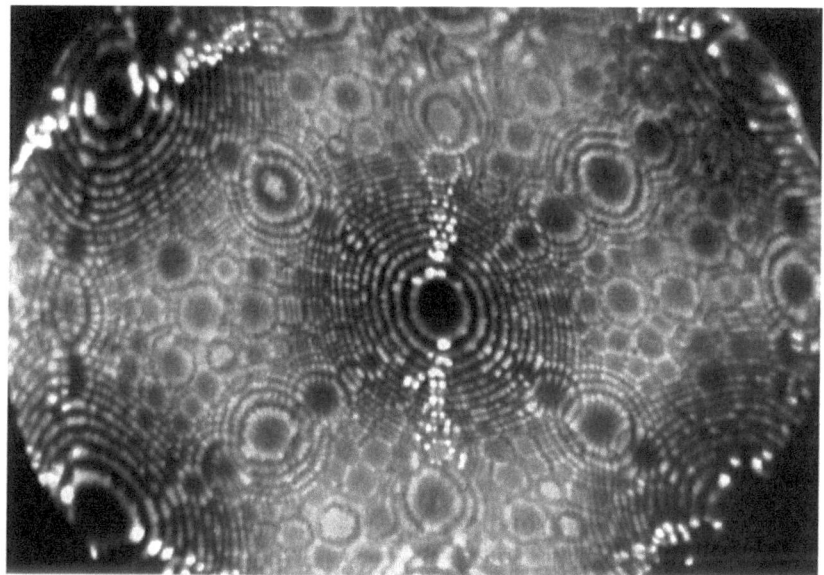

Abb. 36. Bild einer Wolfram-Spitze mit einem Krümmungsradius von 600 Å. Die Abbildung erfolgt mit He-Ionen bei 80° K. Flächenorientierung: im Mittelpunkt liegt eine 011-Fläche, der Winkelbereich in Diagonalrichtung beträgt 120°.
[Aufnahme von P. WOLF (Fritz-Haber-Institut) nach der Methode von E. W. MULLER (1956)].

zen. Die G-Flächenbereiche sind dabei im Elektronenbild als dunkle Bereiche zu erkennen (Abb. 34). Die unterschiedlichen Helligkeiten der verschiedenen Oberflächenbereiche ergeben sich aus den unterschiedlichen Elektronenaustrittsarbeiten dieser Stellen. Erst vor kurzem konnte MÜLLER (1956) durch Abbildung von Spitzen mit nur einigen 100 Å Durchmesser im Feldionenmikroskop zeigen, daß die Flächenelemente atomar glatt und die mit wunderbarer Regelmäßigkeit auftretenden Stufenhöhen monoatomar sind (vgl. Abb. 36). Es wird angenommen, daß diese nach einem Spezialverfahren hergestellten Oberflächen denen der oben genannten Temperform weitgehend entsprechen.

62 Experimentelle Methoden zur Bestimmung der Tracht der Gleichgewichtsform

Der kugelförmige Kristall wächst, wenn man arteigene Atome auf die Spitze aufdampft. Das Wachstum verläuft nun in analoger Weise wie an den makroskopischen Kugeln, d. h. die G-Flächenbereiche bleiben glatt und ihre Ausdehnung wird durch Wachstum der V-Bereiche vergrößert. Hierbei ist es notwendig, so hohe Temperaturen anzuwenden, daß die Atome durch Oberflächenwanderung an die wachstumsfähigen Stufen und Bereiche gelangen können. An den Berandungen der G-Flächen bilden sich Kanten aus. Diese vermindern die Austrittsarbeit erheblich, so daß die schwach emittierenden G-Flächenbereiche von hellen Ringen umgeben sind (vgl. Abb. 35).

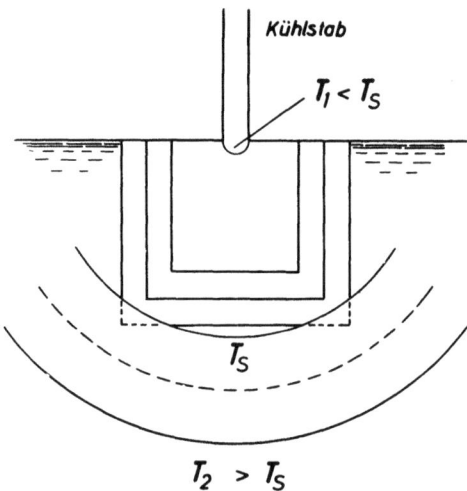

Abb. 37. Das Hineinwachsen der polyedrischen Wachstumsfront in die Schmelzisotherme T_s. (Nach NEUHAUS-NITSCHMANN).

DRECHSLER und VANSELOW (1956) haben die MÜLLERschen Versuche wiederholt und die früheren Ergebnisse im wesentlichen bestätigt. Zusätzlich beobachten sie neue interessante Einzelheiten über das Wachstum der V-Bereiche. Bemerkenswert ist die Beobachtung, daß im Anfangsstadium zwei weitere Flächenbereiche Kragenbildung zeigen (310 und 321). Die Experimente lassen jedoch noch keine Entscheidung über die Natur dieser Flächen zu. Wahrscheinlich handelt es sich dabei um intermediäre Flächen (mit extrem kleinen Ausmaßen).

NACKEN (1915) hat mit dem im Kapitel I beschriebenen Züchtungsverfahren aus der Schmelze das Wachstum von Salol-Kristallen untersucht. Bei Temperaturdifferenzen $\Delta T > 1{,}5°$ wachsen die Kristalle als Polyeder. Wird die Differenz auf $0{,}5°$ vermindert, so bilden sich zunächst im Bereich der

Kanten und Ecken gerundete Bereiche. Diese breiten sich aus, und schließlich wächst der Kristall als Kugel. Wird dann die Temperaturdifferenz wieder auf 1,5° erhöht, so erfolgt die Ausbildung von Flächen in der für das Kugelwachstum charakteristischen Weise. Beobachtet werden 010, 100, 110, 111 und 212.

Diese Versuche mit Salol wurden von NEUHAUS und NITSCHMANN (1952) wiederholt. Sie stellen fest, daß ein Salolkristall, der wärmeisoliert in eine um 0,5° C unterkühlte Schmelze eingeführt ist, als Polyeder wächst, während die Anordnung von NACKEN-KYROPOULOS bei gleicher Temperaturdifferenz kugliges Wachstum ergibt. Sie deuten den Effekt mit dem Verlauf der Isothermen. Im ersten Fall hat die gesamte Schmelze konstante Temperatur, die Wärmeabfuhr erfolgt nach außen. Beim NACKEN-KYROPOULOS-Verfahren ist der Kristall von kugelförmigen Isothermenflächen umgeben (Abb. 37). Bei großer Kühlung liegt die Isotherme der Schmelztemperatur außerhalb des Kristalls, d. h. der Kristall ist von einem Hof unterkühlter Schmelze umgeben und polyedrisches Wachstum ist gewährleistet. Bei Abnahme der Kühlung oder Vergrößerung des Kristalls reicht diese Isotherme (T_s) näher an die Kristalloberfläche heran. An den Stellen, an denen der Kristall die Isotherme T_s berührt, tritt eine Verminderung der Wachstumsgeschwindigkeit auf, und die Oberfläche paßt sich der Isothermenfläche an. Je nach Größe der Durchgriffe der Kühlung kann man so Kristalle mit gerundeten Kanten und Ecken oder mit völlig kugelförmiger Oberfläche erhalten. Diese Vorstellung wird offenbar durch die Versuche bestätigt.

2. Kristalle unter dem Einfluß von Temperaturschwankungen

Das hier zur Diskussion stehende Verfahren zur Bestimmung der G- und W-Flächen geht auf eine Beobachtung von SCHUBNIKOW (1914) zurück. Dabei werden polyedrische Alaunkristalle in gesättigter Lösung Temperaturschwankungen ausgesetzt. Nach längeren Zeiten (1 Monat) werden Habitus- und Trachtänderungen beobachtet. So wandeln sich isometrische Kristalle in plattenförmige um; außerdem werden V-Bereiche mit Rundungen und zonalen Streifungen beobachtet. Wesentlich ist die Feststellung, daß zu den am Kristall bereits vorhandenen Flächen auf Grund der Temperaturschwankungen weitere Flächen hinzukommen. Es werden beobachtet: 111, 100, 211, 110 und 221 (210 fehlt), was in guter Übereinstimmung mit dem Ergebnis der Kugelwachstumsversuche steht (vgl. Tab. 3).

Mit Hilfe der Temperaturschwankungsmethode wurden auch NaCl-Kristalle untersucht [HONIGMANN (1952)]. Kristalle mit verschiedenen Ausgangsformen wurden unter Rühren oder Schütteln in gesättigter Lösung mit Bodenkörper Temperaturschwankungen ausgesetzt. In allen Fällen konnte in Übereinstimmung mit den Kugelwachstumsversuchen das Auftreten von 100-, 111-, 110- und 210-Flächen festgestellt (vgl. Abb. 38 und 39) werden. Die W-Flächen 111, 110 und 210 waren in allen Fällen deutlich

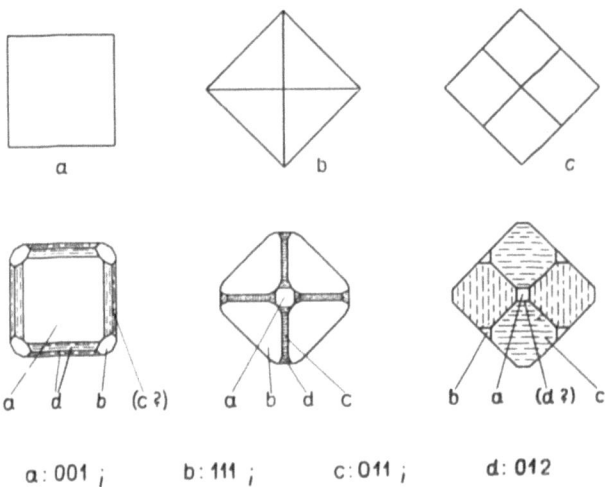

Abb. 38. Der Einfluß von Temperaturschwankungen auf NaCl-Kristalle. – Obere Reihe: Ausgangsformen; untere Reihe: die entsprechenden Formen nach Anwendung der Temperaturschwankungen.

Abb. 39. NaCl-Rhombendodekaeder nach Anwendung von Temperaturschwankungen. Man erkennt an der Vierer-Ecke eine 001-Fläche und an den Dreier-Ecken 111-Flächen.

vergröbert; das äußerte sich bei 110 und 210 in einer Streifenstruktur parallel zur Würfelkante und auf 111 in einer Mattierung. Die 100-Flächen ließen in keinem Fall eine solche Vergröberung erkennen.

Ein entsprechender Vorgang wurde an Urotropinkristallen beobachtet [KAISCHEW (1946/47), HONIGMANN und STRANSKI (1952)]. Die Züchtung erfolgt aus der Dampfphase. Es wird darauf geachtet, daß beim Wachstum der Bodenkörper nur zum Teil verbraucht wird. Das gesamte Versuchsröhrchen

Kristalle unter dem Einfluß von Temperaturschwankungen 65

(mit Kristall und Bodenkörper) wird periodischen Temperaturschwankungen unterworfen. Der Ausgangskristall ist nur von 110-Flächen begrenzt. Unter dem Einfluß der Temperaturschwankungen bilden sich an den Kanten 211- und an den Vierer-Ecken des Rhombendodekaeders 100-Flächen aus. Diese erscheinen zuerst äußerst schmal und verbreitern sich fortlaufend bis zu einer bestimmten Größe, die sich bei weiteren Schwankungen dann nicht mehr wesentlich ändert (Abb. 40). Die Einstellzeit der Endbreite liegt zwischen einigen Stunden und einigen Wochen. Sie hängt ab von T, ΔT und dem Fremdgasdruck. Benutzt man als Ausgangsform eine Kugel, so beobachtet man die gleichen Flächen (110, 100 und 211) als ebene Kugelschnitte (Abb. 41).

Abb. 40. Urotropinkristall nach Anwendung von Temperaturschwankungen mit 011-, 001- und 112-Flächen.

Diese Beobachtungen können durch ähnliche Gedankengänge, wie sie auf den Kugelwachstumsversuch angewendet wurden, erklärt werden. Dies sei für den Versuch mit Urotropin-Rhombendodekaedern als Ausgangsform

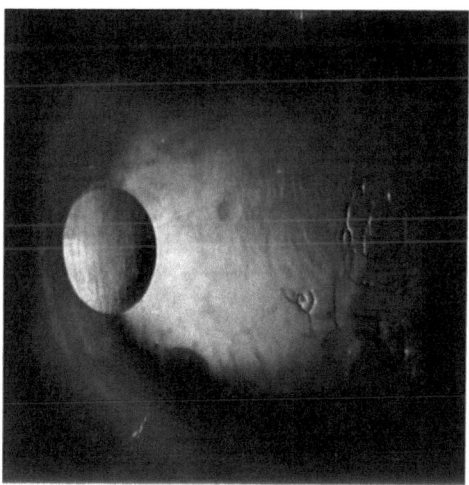 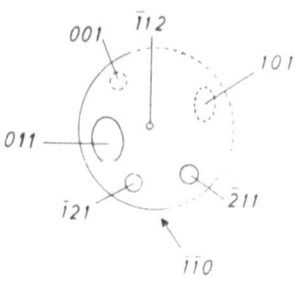

Abb. 41. Urotropinkugel, an der unter dem Einfluß von Temperaturschwankungen 011, 001 und 211-Flächen ausgebildet sind. [Aufnahme: H. HEYER].

näher ausgeführt (vgl. Abb. 42): in der Abdampf- bzw. Auflösungsperiode (Temperatursteigerung) bildet sich eine Auflösungsform aus, die durch Vizinalflächen begrenzt ist, und zwar so, daß die Auflösungsform in den Flächenmitten gar nicht oder nur sehr wenig, an Kanten- und Eckenbereichen relativ stärker, von der Ausgangsform (Wachstumsform) abweicht.

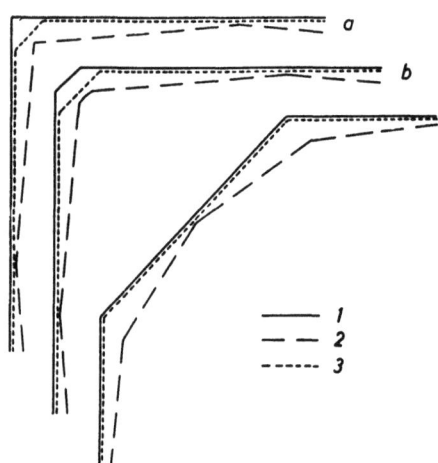

Abb. 42. Schematische Darstellung der Wachstums- und Auflösungsvorgange eines Kristalls unter dem Einfluß schwankender Temperaturen. – Es bedeuten: a, b und c Anfangs- und Endstadien; 1, 3 und 2 Wachstums- und Auflösungsformen; Anfangsform (1) ist jeweils die Wachstumsform der vorangegangenen Wachstumsperiode; es folgen die Abdampfperiode (1–2) und die Wachstumsperiode (2–3). Die Neigungswinkel der Vizinalflächen (2) wurden aus Gründen der Deutlichkeit stark vergrößert gezeichnet.

Die gesamte Oberfläche besteht praktisch aus V-Bereichen. In der folgenden Periode (Temperaturabfall) wachsen diese V-Bereiche unter Ausbildung von G-Flächen, d. h. die ursprünglichen Flächen regenerieren und an Ecken und Kanten treten neue in Erscheinung. Die ursprüngliche Form wird nicht wieder erreicht, da die Geschwindigkeit des Wachstums der G-Flächen geringer als die der Auflösung ist. So wird anfänglich in den Wachstumsperioden immer weniger Substanz angelagert, als in der Auflösungsperiode abgetragen worden ist. Der Überschuß lagert sich an den immer zahlreich vorhandenen Wachstumsstellen des polykristallinen Bodenkörpers an. Dieser nimmt außerdem an dem Vorgang teil und setzt die wirksamen Über- bzw. Untersättigungen herab. Daher werden in den einzelnen Perioden nur geringe Substanzmengen angelagert bzw. abgelöst. Die Endform ist erreicht, wenn alle neuen Flächen eine so große Ausdehnung erreicht haben, daß die Wachstums- und Auflösungsvorgänge nur noch im Bereich der (neuen) Ecken und Kanten merkliche Auswirkungen zeigen.

3. Über die experimentelle Bestimmung von Gleichgewichtsformen

Ausgangspunkt der Diskussionen über die Möglichkeiten zur experimentellen Realisierung der Gleichgewichtsform eines Kristalles ist die Abhängigkeit des Dampfdrucks, der Löslichkeit oder allgemein des chemischen Potentials von der Kristallgröße.

Als Maß für die Kristallgröße kann bei orientierenden Überlegungen der Radius r der einbeschriebenen Kugel verwendet werden; bei genaueren Überlegungen, insbesondere bei Berücksichtigung verschiedener Flächen (hkl), muß die Flächenbreite bzw. die Zentraldistanz angegeben werden (vgl. Abschnitt VI, 1).

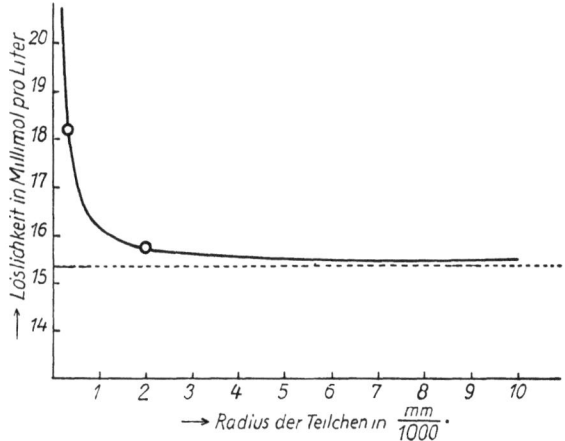

Abb. 43. Löslichkeit von Gipskristallen in Abhängigkeit von der Kristallgröße. [Nach VALETON (1915); Meßwerte von HULETT (1901)]

Die Abhängigkeit des Dampfdrucks bzw. der Löslichkeit von der Kristallgröße wird durch die THOMSON-GIBBSsche Gleichung beschrieben (vgl. Abschn. VI, 1). Der charakteristische Verlauf ist aus Abb. 43 zu ersehen. Dargestellt ist die Abhängigkeit der Löslichkeit kleiner Gipskriställchen von der Korngröße. Die aufgezeichnete Kurve gibt Mittelwerte wieder; für jede Fläche müßte eine spezielle Kurve gezeichnet werden. Messungen mit Kristallen anderer Substanzen ergeben ähnliche Werte [vgl. BUCKLEY (1951), K. L. WOLF (1957)].

Die Gleichgewichtsform eines Kristalls kann sich nur über Auflösungs- und Wachstumsvorgänge einstellen, die durch die eben erwähnten Dampfdruck- bzw. Löslichkeitsunterschiede ausgelöst werden, nicht aber durch Molekülverschiebungen innerhalb der Oberfläche und des Volumens, wie bei einem Flüssigkeitstropfen, dessen Gleichgewichtsform bekanntlich eine Kugel ist.

Hält man einen Kristall, an dem alle Flächen in makroskopischer Ausdehnung vorhanden sind, in einem gesättigten Dampf bzw. in einer gesättigten Lösung auf konstanter Temperatur, so sind die Dampfdruck- bzw. Löslichkeitsunterschiede unmeßbar gering. Eine Einstellung der Gleichgewichtsform ist nicht möglich. Es ist auch so ausgedrückt worden, daß das Gleichgewicht großer Kristalle in bezug auf die Kristallform indifferent ist. Diese Aussagen folgen unmittelbar aus der THOMSON-GIBBSschen Gleichung und sind, sofern dies überhaupt noch notwendig ist, durch Versuche von VALETON (1915) mit K-Al-Alaun-Einkristallen bestätigt worden. An verschieden großen Versuchsobjekten (2–20 mm Durchmesser), die von 111, 100 und 110 begrenzt waren, konnten keinerlei Löslichkeitsunterschiede festgestellt werden.

Für einen positiven Nachweis der Dampfdruckunterschiede sind also Flächen kleinster Dimensionen notwendig. Solche findet man nicht nur an kleinsten Kriställchen, sondern auch an größeren Wachstumsformen, die bei visueller Beobachtung nur eine Flächenart (z. B. 011 bei Urotropinkristallen) erkennen lassen. Die übrigen G-Flächen (z. B. 100) sind dann im Bereich der Ecken und Kanten in einer Größe ausgebildet, die der Gleichgewichtsform derjenigen übersättigten Phase entsprechen, bei der der Kristall gewachsen ist. Erfolgt das Wachstum bei mittleren oder hohen Übersättigungen, so haben diese Flächen submikroskopische Dimensionen.

Hält man einen solchen Kristall in einem abgeschlossenen Versuchsgefäß auf konstanter Temperatur, so sind die Dampfdruckdifferenzen zwischen den submikroskopischen und makroskopischen Flächen so groß, daß erstere abdampfen. Dies führt zu einer Flächenvergrößerung und zu einer ständigen Abnahme der Dampfdruckdifferenzen. Diese werden bald so gering, daß der Vorgang zum Stillstand kommt, bevor die Gleichgewichtsform erreicht ist.

Die Überlegung stimmt mit den durchgeführten Versuchen [STRANSKI und HONIGMANN (1948, 1950, 1952)] überein. Urotropinkristalle, Rhombendodekaeder mit sichtbar scharfen Kanten und Ecken, wurden in den bereits beschriebenen Versuchsröhrchen in einem Metallblockthermostaten auf konstanter Temperatur gehalten. Dabei bilden sich mehrfach, jedoch nicht immer, an Ecken und Kanten deutlich sichtbar 100- und 211-Flächen aus, die z. B. bei 20° in 4 Wochen eine Breite von etwa $1 \cdot 10^{-3}$ cm erreichen. Eine weitere Verbreiterung konnte trotz längerer Versuchszeiten nicht beobachtet werden. Wesentlich war ferner die Beobachtung, daß an Kristallen mit sichtbaren Störungen an der Oberfläche der 011-Flächen die Ausbildung der 100- und 211-Flächen bevorzugt zu beobachten war. Daraus wurde der Schluß gezogen, daß die Aktivierungsenergie bei der Anlagerung der von den kleinen Flächen abdampfenden Moleküle einen entscheidenden Einfluß darauf hat, ob die 100- und 211-Flächen submikroskopische oder mikroskopische Dimensionen erreichen können. Dies mag erklären, warum ein gleicher, von KAISCHEW (1946/47) durchgeführter Versuch negativ verlaufen ist.

Es erhebt sich die Frage nach den Möglichkeiten, entsprechende Versuche mit kleinsten Kristallen durchzuführen, an denen nicht nur die Ausbildung der zur Gleichgewichtsform gehörenden Flächen, sondern die Einstellung der Gleichgewichtsform selbst erwartet werden kann.

Solche Versuche sind mit großen experimentellen Schwierigkeiten verknüpft, da es nicht genügt, mit kleinen Kristallen zu arbeiten, sondern es muß Dampfraum oder Lösungsmenge so klein sein, daß das Volumen der gesättigten Phase das des Kristallvolumens nicht wesentlich übersteigt. Dies ist leicht einzusehen: ist ein kleines Kriställchen (r) von einer gesättigten abgeschlossenen Dampfphase (p_r, wobei $p_r > p_\infty$) umgeben, so ist das System bekanntlich auch bei konstanter Temperatur statistischen Druckschwankungen unterworfen; das kann zu momentanen Vergrößerungen oder Verkleinerungen des Kristalls führen. Ist das Kristallvolumen verschwindend klein gegenüber dem Volumen des Dampfes, so werden die wenigen Bausteine, die am Kristall angelagert oder von ihm abgelöst werden können, den mittleren Druck im Dampfraum nicht ändern. Der Dampfdruck des Kristalls ist dann jedoch im ersten Fall kleiner, im zweiten Fall größer als der Druck des Dampfraumes. Dies führt einmal zum Auswachsen und zur Bildung eines großen Kristalls, und zum anderen zur vollständigen Auflösung. Ein solches Kriställchen ist nichts anderes als ein Keim. Bekanntlich versteht man unter einem Keim bei gegebenem Druck p_r ($p_r > p_\infty$) ein Kriställchen vom Radius r, dessen Wahrscheinlichkeit, sich aufzulösen oder weiter zu wachsen, gleich groß ist.

Wählt man dagegen das Dampfvolumen so klein, daß die durch Druckschwankungen abgelösten Bausteine eine Erhöhung des Druckes im gesamten Druckraum bewirken, so ist eine weitere Auflösung nicht möglich. Bewirkt die Anlagerung einiger Bausteine ein Absinken des Druckes im Dampfraum, so ist ein Weiterwachsen nicht möglich. Mit anderen Worten, es liegt nur unter den zuletzt genannten Voraussetzungen ein stabiles Gleichgewicht vor.

Solche Versuche wurden für das System Kristall/Lösung von KLIJA (1955) durchgeführt. Die Anregung zu diesen Versuchen wurde von LEMMLEIN (1954) gegeben, dem es bereits gelungen war, ,,die Einstellung der Gleichgewichtsformen negativer Kristalle" zu beobachten. Dabei handelt es sich um mikroskopisch kleine Höhlungen in Kristallen, die mit gesättigter Lösung angefüllt sind, und die ,,tatsächlich ihre Form in voller Übereinstimmung mit dem Prinzip des Minimums der freien Oberflächenenergie ändern" [LEMMLAIN (1929)]. Im engen Zusammenhang damit stehen auch die

Wachstumsversuche von SPANGENBERG (1934) an ,,negativen Kristallkugeln". Aus Platzgründen muß jedoch eine genauere Diskussion dieser interessanten Arbeiten unterbleiben.

Die Experimente mit kleinen Kriställchen werden von KLIJA (1955) wie folgt beschrieben: auf einen Objektträger wird ein Glasring (Höhe 1 mm, ⌀ 10–15 mm) aufgeklebt. In den Hohlraum wird eine Schicht eines durchsichtigen, zähen, hydrophoben Kunststoffes (Polyzyklohexyläthylen) eingefüllt. Durch einen Zerstäuber werden kleine mikroskopische Tröpfchen einer Lösung auf die Schicht gespritzt. In dem Tropfen bilden sich durch Verdunstung des Lösungsmittels kleine Kriställchen. Kurz darauf wird der Glasring von oben durch ein Objektgläschen verschlossen. So wird erreicht, daß die Tröpfchen mit dem Kriställchen isoliert sind. Die Untersuchung der Formänderung der Kristalle erfolgt bei kontinuierlicher Erhöhung oder Senkung der Temperatur um 1–3° in 24 Stunden, außerdem bei konstanter Temperatur.

Ein solcher Versuch mit NH_4Cl-Kriställchen bei langsamer Steigerung der Temperatur von 18 auf 20° wird wie folgt beschrieben: die Ausgangsform ist ein unregelmäßiger Dendrit. Dieser zerfällt kurz nach der Isolierung des Systems in einige selbständige Kristalle. Von diesen lösen sich die kleineren auf und der größte wächst. Schließlich befindet sich im Tropfen nur noch ein Kristall, dessen Form sich mehr und mehr der Gleichgewichtsform (?) annähert.

Die geschilderte Umkristallisation konnte beobachtet werden unabhängig davon, ob der Versuch bei konstanter oder bei sehr langsam steigender oder absinkender Temperatur durchgeführt wurde. Daraus wird gefolgert, daß man die Einstellung der Gleichgewichtsform auch bei nicht streng konstanter Temperatur beobachten kann. Man muß nur darauf achten, daß die Einstellungsgeschwindigkeit der Gleichgewichtsform größer ist als die des Wachsens oder Auflösens auf Grund von Temperaturgradienten oder anderer Störfaktoren.

Bei Kristallen von höchstens 0,005 mm ⌀ dauert die Einstellung der Gleichgewichtsform bei Zimmertemperatur 4–8 Stunden, bei größeren mehrere Tage.

Trotz des instruktiven Wertes dieser Versuche bleiben hier die Fragen offen: handelt es sich nur um eine Formänderung in Richtung zur Gleichgewichtsform, ist die beobachtete Endform praktisch die Gleichgewichtsform selbst oder handelt es sich um das Ergebnis der Einwirkung von Temperaturschwankungen?

Nach KLIJA gehören folgende Flächen zur ,,Gleichgewichtsform" von NH_4Cl: 100, 110, 111 und 211 (vgl. Tab. 4), deren Kombinationen über

50 Flächen umfassen und den Kristallen daher ein kugelähnliches Aussehen geben. In der Arbeit findet man jedoch keine Angabe, auf welche Weise die Indizierung der Flächen vorgenommen worden ist.

Nach den bisherigen Ausführungen sollte die Gleichgewichtsform nur 110-Flächen umfassen. Wenn man also annimmt, daß die übrigen Flächen W-Flächen sind, so könnte es sich bei der oben genannten Form um eine Kristallform handeln, die sich auf Grund von Temperaturschwankungen ausgebildet hat. Es ist auch in Erwägungen zu ziehen, daß geringste Spuren des umgebenden, stark oberflächenaktiven Kunststoffes im Tropfen gelöst sind. Das könnte sowohl eine Beeinflussung der Gleichgewichtsform als auch der Wachstumsform zur Folge haben. Man wird weitere Untersuchungen mit der Methode nach LEMMLEIN und KLIJA abwarten müssen, bevor man hier zu einem abschließenden Urteil kommen kann.

Kapitel V

Experimentelle Methoden zum Studium des Wachstums einzelner Kristallflächen

1. Messungen der Wachstumsgeschwindigkeiten

a) Meßmethoden

Im Vorangehenden wurde mehrfach auf die Bedeutung von Messungen der Wachstumsgeschwindigkeit hingewiesen. Eine kurze Beschreibung der Meßmethodik soll daher nachgeholt werden.

Die Wachstumsgeschwindigkeit einer Fläche ist definiert als Verschiebung dieser Fläche in Normalen-Richtung pro Zeiteinheit. Direkte Längenmessungen können mittels Schraubentaster und Mikrometerschraube [SPANGENBERG (1924/25), NEUHAUS (1928)] oder Objektmikrometer [BENTIVOGLIO (1927), VOLMER und SCHULTZE (1931), DANILOW und MALKIN (1954)] ausgeführt werden. Durch Filmen oder Photographieren des wachsenden Kristalls wird an Hand der Bilder eine nachträgliche Längenbestimmung ermöglicht [FRANCE (1930), HONIGMANN und HEYER (1955)].

FRANCE (1930) verwendet bei seinen Messungen größere Alaunkristalle. Diese werden in die Lösung eingehängt und so justiert, daß zwei 111-Flächen (und zwei 100-Flächen) parallel zur Beobachtungsrichtung liegen. In diesem Fall ergibt sich aus der Differenz der Kantenabstände zwischen zwei Messungen die Summe der Verschiebungen der beiden Flächen.

Beim Wachstum aus der Dampfphase können die Kristalle bei den bisher bekannten Züchtungsverfahren nicht justiert werden, da sie auf der Glaswand des Züchtungsgefäßes fest aufgewachsen sind. VOLMER und SCHULTZE (1931) beschränkten sich daher auf die Vermessung von parallelen Kanten und verzichteten auf eine Umrechnung auf die tatsächliche Verschiebung in Normalen-Richtung.

Bei eigenen Messungen an Urotropinkristallen wurde anfänglich so verfahren, daß von den in verschiedenen Orientierungen aufwachsenden Kristallen immer nur solche vermessen wurden, die mit zwei bzw. mehreren Flächen senkrecht zur Unterlage (und damit parallel zur Beobachtungsrichtung) aufgewachsen waren. Die Versuchsmethodik wurde dann verbessert, so daß es möglich ist, jeweils an einem Kristall gleichzeitig mehrere Flächen unabhängig voneinander zu vermessen [HONIGMANN und HEYER (1955)].

Die im Züchtungsofen wachsenden Kristalle (Urotropin) werden in bestimmten Zeiten automatisch photographiert (vgl. Kap. II). Ein Strichgitter an der äußeren Glaswand des Züchtungsröhrchens wird mitphotographiert und liefert die zur Auswertung notwendigen festen Bezugspunkte. Die Kristallbilder werden auf einen Arbeitstisch projiziert und ihre Umrisse und das Strichgitter nachgezeichnet. Das folgende Bild wird dann so projiziert, daß die (unveränderten) Strichgitterbilder genau zur Deckung kommen. So lassen sich die Verschiebungen jeder einzelnen Fläche bestimmen. Dies soll im folgenden für einen einfachen Fall beschrieben werden. Die Vereinfachung liegt in der Auswahl eines Kristalles, der in sog. Parallellage aufgewachsen und nur von 110-Flächen begrenzt ist. In Abb. 44 ist

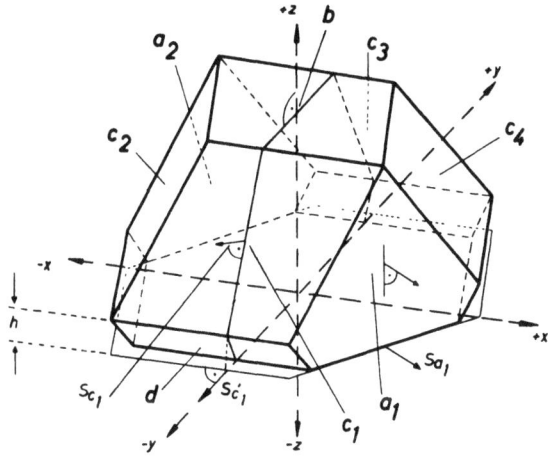

Abb. 44. a) Ansicht.

eine Ansicht des Kristalls in Parallelprojektion aufgezeichnet, dazu der Grundriß und ein Querschnitt. Zur Orientierung ist ein (durch die Auswertmethode festgelegtes) rechtwinkliges Achsenkreuz (x, y, z) eingezeichnet. Den Grundriß erhält man aus der photographischen Aufnahme, da die Beobachtungsrichtung parallel zur z-Achse läuft. In Abb. 44 b + c sind zwei Wachstumsstadien gezeichnet. Der gestrichelt gezeichnete Umriß soll sich in der Zeit Δt aus dem stark ausgezeichneten entwickelt haben. Die parallel zur Unterlage liegende Fläche (b) wächst langsamer als die übrigen (z. B. a, c und d), für die hier angenommen wurde, daß sie alle gleich schnell wachsen. Da die Flächen a_1 und a_2 senkrecht zur Unterlage stehen, erscheinen sie im Grundriß als gerade Linien. Aus der Strecke s_a ergibt sich $v = s_a/\Delta t$. Die entsprechende Strecke s_c für die c-Fläche kann man aus der meßbaren

74 Experimentelle Methoden zum Studium des Wachstums einzelner Kristallflachen

Größe s_c' berechnen: $s_c = s_c' \cdot \cos \delta$ ($\delta = \varepsilon - 90°$; ε für Rhombendodekaederflächen: $120°$; also $\delta = 30°$). Es muß noch erwähnt werden, daß die Bestimmung von s_c aus dem Fortschreiten der unteren Kante (Kante zwi-

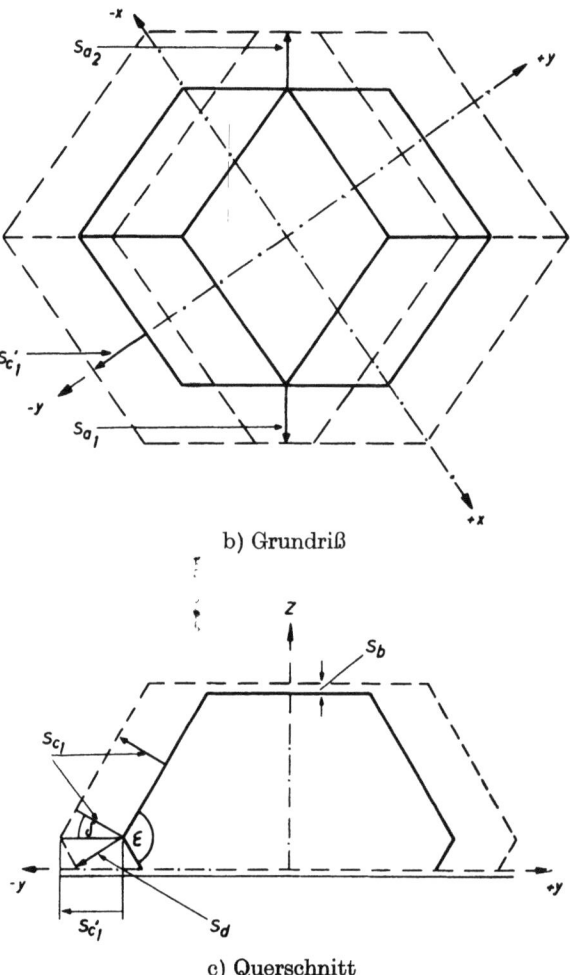

b) Grundriß

c) Querschnitt

Abb. 44. Urotropinkristall (Rhombendodekaeder) in der Parallel-Lage aufgewachsen.

schen c- und d-Fläche) nur exakt möglich ist, wenn die Flächenbreite der Fläche d (bzw. die eingezeichnete Strecke h) beim Wachstum konstant bleibt. Dies ist im Experiment jedoch meist näherungsweise erfüllt.

b) Messungen der Wachstumsgeschwindigkeit in Abhängigkeit von der Übersättigung

Die unterschiedliche Zahl der Wachstumsstellen auf G-Flächen einerseits und vergröberten Flächen andererseits wirkt sich nicht nur auf die Größe der Wachstumsgeschwindigkeit, sondern auch auf deren Abhängigkeit von der Übersättigung aus. Theoretische Überlegungen ergeben für vergröberte Flächen eine lineare Abhängigkeit, desgleichen für stark gestörte G-Flächen. Eine exponentielle oder auch parabolische Abhängigkeit ist nur bei zur Gleichgewichtsform gehörenden Flächen mit relativ wenigen Gitterstörungen und wachstumsfähigen Stufen zu erwarten [vgl. KNACKE und STRANSKI (1952); BURTON, CABRERA und FRANK (1951)].

Die Zahl der bisher durchgeführten Experimente ist gering. Die vorliegenden Ergebnisse berechtigen jedoch zu der Hoffnung, daß es nach weiteren Untersuchungen möglich sein wird, G-Flächen von vergröberten Flächen auch durch kinetische Messungen unterscheiden zu können. Wie bereits mehrfach betont wurde, sind solche Unterscheidungsmerkmale vor allem dann wichtig, wenn die Vergröberungs-

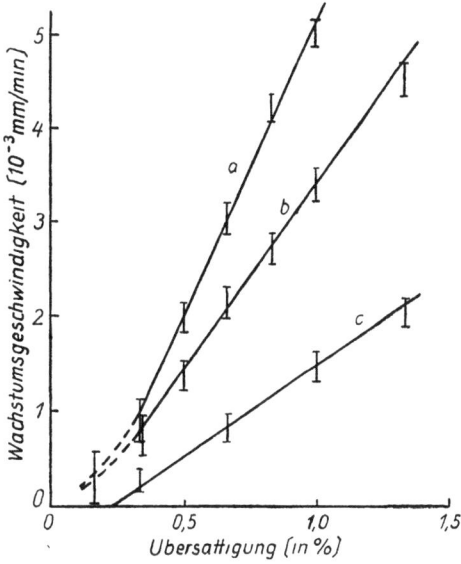

Abb. 45. Wachstumsgeschwindigkeit von Äthylendiamin-d-Tartrat-Kristallen. (a) 52° C; (b) 42° C; (c) 42° C, die Lösung enthält 0,5 g/l Borsäure [nach BOOTH und BUCKLEY (1952)].

stufen von W-Flächen eine so geringe Höhe haben, daß diese auch bei mikroskopischer Betrachtung nicht zu erkennen sind.

BUNN (1949) mißt die Wachstumsgeschwindigkeit dünner Kristallplättchen, die aus der Lösung wachsen, und kommt zu dem Ergebnis, daß bei dieser speziellen Versuchsanordnung die Wachstumsgeschwindigkeit unabhängig von der Übersättigung ist. BOOTH und BUCKLEY (1952) bestimmen die Wachstumsgeschwindigkeit von aus der Lösung wachsenden Äthylendiamin-d-Tartrat-Kristallen (Abb. 45). Ihre Versuche lassen den großen Einfluß der Temperatur und den des Fremdstoffes Borsäure erkennen. Eine theoretische Analyse dieser Kurven steht noch aus.

76 Experimentelle Methoden zum Studium des Wachstums einzelner Kristallflächen

In der bereits mehrfach erwähnten Arbeit von VOLMER und SCHULTZE (1931) ergibt sich für Naphthalin und Phosphor eine lineare Funktion, während bei Jodkristallen ein davon abweichender Verlauf festgestellt wird (Abb. 46).

Die Interpretationen der Jodkurve sind unterschiedlich. VOLMER selbst ist der Auffassung, daß eine exponentielle Abnahme der Wachstumsgeschwindigkeit mit kleiner werdender Übersättigung vorliegt, da die Wachstumsgeschwindigkeit schon bei einem endlichen Wert der Übersättigung (0,4%) praktisch Null ist. Dieser Zusammenhang zwischen Wachstumsgeschwindigkeit und Übersättigung ist charakteristisch für ein Wachstum über zweidimensionale Keime. Die übrigen Meßpunkte lassen sich wegen der relativ großen Fehlerbreite sowohl durch eine Parabel als auch durch eine Exponentialfunktion angenähert darstellen. BURTON, CABRERA und FRANK (1951) diskutieren das Meßergebnis im Sinne einer parabolischen Abhängigkeit. Dabei wird angenommen, daß das Wachstum ohne zweidimensionale Keimbildung erfolgt, und es wird als geschwindigkeitsbestimmender Schritt die Oberflächendiffusion der arteigenen Moleküle auf der

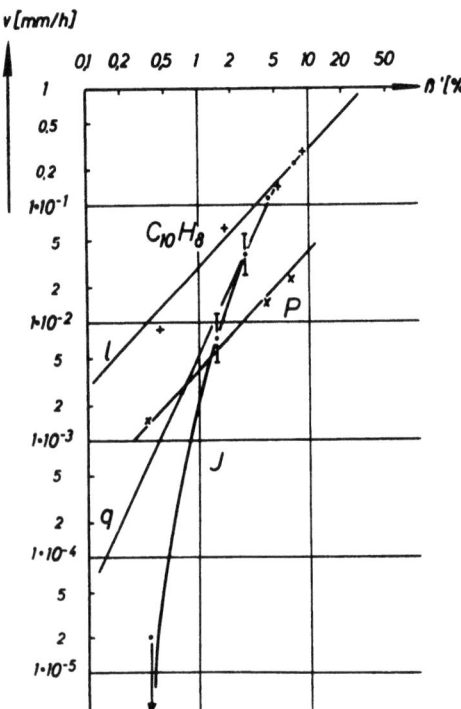

Abb. 46. Meßkurven der Wachstumsgeschwindigkeit (v [mm/h]) als Funktion der Übersättigung (β') in doppelt logarithmischem Maßstab aufgetragen. (VOLMER und SCHULTZE) l = lineare und q = quadratische Funktion.

Kristallfläche zugrunde gelegt. Die Darstellung der Meßergebnisse in doppelt logarithmischem Koordinatensystem (Abb. 46) spricht für die VOLMERsche Ansicht. Im wesentlichen stützen sich diese jedoch nur auf einen Meßpunkt bei der kleinsten Übersättigung. VAN HOOK und Mitarb. (nach einer freundlichen brieflichen Mitteilung) haben die Versuche von VOLMER und SCHULTZE wiederholt. Es zeigte sich, daß die Meßwerte von der

Vorbehandlung der Substanz und der Röhrchen abhängen. Ein Teil der Meßergebnisse deckte sich mit denen von VOLMER und SCHULTZE; einige der Meßserien ließen sich jedoch besser durch lineare Beziehungen darstellen. Man kann vermuten, daß ähnliche Verhältnisse wie bei den weiter unten beschriebenen Urotropinversuchen vorliegen.

DANILOW und MALKIN (1954) messen die Wachstumsgeschwindigkeit von Salolkristallen aus der Schmelze in Abhängigkeit von der Unterkühlung. Aus Abb. 47 ersieht man, daß hierbei ein exponentieller Anstieg der Wachstumsgeschwindigkeit bei kleinen Unterkühlungen nachgewiesen worden ist, der von den Verfassern mit den theoretischen Ansätzen nach VOLMER erklärt wird.

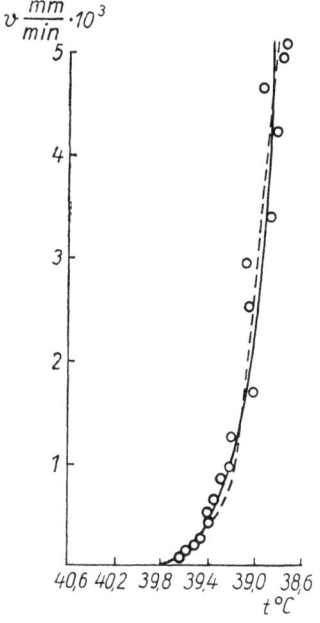

Abb. 47. Die Wachstumsgeschwindigkeit (v in (mm/min) $\cdot 10^3$) von Salolkristallen in Abhängigkeit von der Unterkühlung. (Schmelzpkt. 41,4°C). (Nach DANILOW und MALKIN)

Die Messungen werden in einer Kammer unter dem Mikroskop durchgeführt, deren Temperatur bis auf 0,03°C konstant gehalten werden konnte. Der Reinheitsgrad der Substanz wurde durch Bestimmung des Schmelzpunktes kontrolliert. Dieser liegt für die reine Substanz bei 41,4°C. Messungen wurden nur durchgeführt, wenn die Erzeugung eines einzelnen Kristalls geglückt war, der derart zur Mikroskopachse orientiert war, daß die Basisfläche parallel zur Unterlage lag. Die seitliche Begrenzung eines solchen Kristalls wird durch zwei abgestumpfte Pyramidenflächen gebildet. Von letzteren wird die Wachstumsgeschwindigkeit in Normalen-Richtung bestimmt.

In allen bisher referierten Arbeiten findet man Hinweise darauf, daß gestörte Flächen schneller wachsen als ungestörte. Es erhebt sich die Frage, was man unter „ungestörten" und „gestörten" Flächen verstehen soll, da ideal glatte Flächen an Realkristallen nicht vorhanden sind. Zur Klärung dieser Fragen konnten durch Messungen an Urotropinkristallen Anhaltspunkte gewonnen werden [HONIGMANN und HEYER (1955, 1957)]. Für den vorliegend diskutierten Problemkreis ist die Tatsache wesentlich, daß die Messungen an den 011-Flächen durchgeführt wurden, die als G-Flächen (G_I-Flächen) identifiziert worden sind. Gemessen wurden die Wachstumsgeschwindigkeiten jeweils mehrerer 011-Flächen an einem Kristall. Die Messungen erfolgten bei einer Ofentemperatur von 70° C und bei Übersättigungen $\left(\frac{\Delta p}{p_s}\right)$ zwischen 0,008 und 0,45. Das Wachstum eines zunächst glatten Kristalls wurde bei jeweils konstanter Übersättigung bis zur Ausbildung sichtbarer Störungen verfolgt. Trägt man die Meßergebnisse in ein Weg-Zeit-Diagramm ein, so erhält man den in Abb. 48 und 49 aufgezeichneten charakteristischen Kurvenverlauf. Die Wachstumsgeschwindigkeiten „glatter" Flächen (v_n) sind nicht gleich und auch nicht konstant, sondern es ergeben sich Unterschiede zwischen den (kristallographisch gleichwertigen) Flächen und außerdem Änderungen der v_n-Werte einer Fläche. Die Ausbildung von Störungen auf der Fläche wird durch einen stärkeren Anstieg der Wachstumsgeschwindigkeit angezeigt. Bei mikroskopischer Betrachtung (Vergrößerung 50fach) sind diese Fehler immer erst einige Zeit später zu erkennen. Sie verbreitern sich und können auf die Nachbarflächen übergreifen; das hat dann ebenfalls ein Ansteigen der Wachstumsgeschwindigkeit der betroffenen Fläche zur Folge.

Auf Grund zahlreicher Messungen bei verschiedenen Übersättigungen konnte so die Abhängigkeit der Wachstumsgeschwindigkeit von der Übersättigung für glatte und gestörte Flächen bestimmt werden. Das Ergebnis ist in Abb. 50 in doppelt-logarithmischem Koordinatensystem dargestellt. Die Mittelwerte der

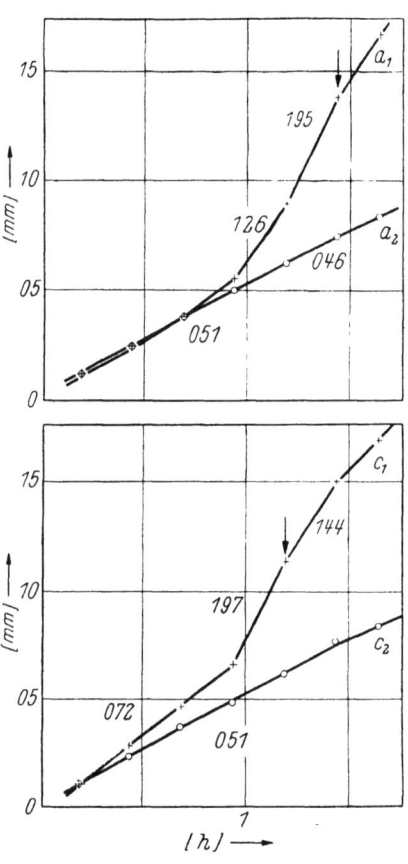

Abb. 48. Weg-Zeit-Diagramm eines Wachstumsversuches (Urotropinkristall) bei $\Delta T = 2,16°$ und $T = 70°$ C. Die Lage der Flächen a_1, a_2, c_1 und c_2 ist aus Abb. 44 zu ersehen. Die Zahlen an den Kurven bedeuten die Wachstumsgeschwindigkeit in mm/h. Der Pfeil gibt den Zeitpunkt an, zu dem auf der betreffenden Fläche Fehler sichtbar werden.

Wachstumsgeschwindigkeit glatter Flächen $(\overline{v_n})$ und die Minimal- und Maximalwerte $[(v_n)_{min}, (v_n)_{max}]$ ergeben angenähert eine parabolische Funktion: $v_n = \text{const } (\Delta p/p)^{2}$*).

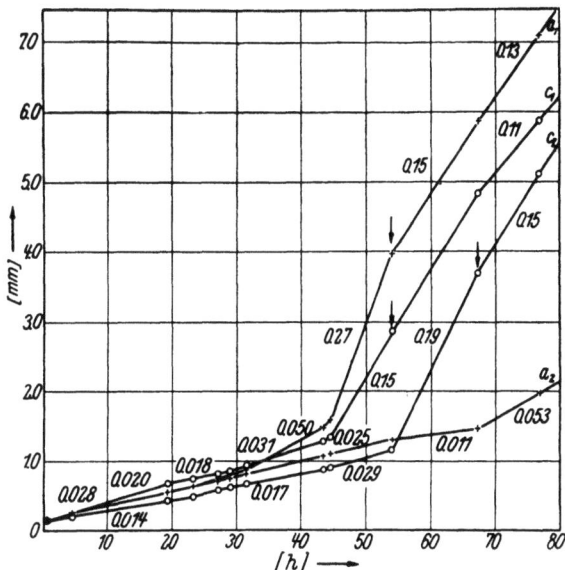

Abb. 49. Weg-Zeit-Diagramm eines Wachstumsversuches bei $\Delta T = 0,35°$ C und $T = 70°$ C. Einzelheiten wie bei Abb. 48.

Bei den gemessenen Werten gestörter Flächen (v_f) muß man zwischen den Übergangswerten bei Beginn des Anstieges und den jeweils erreichten größten Werten $v_f{}^+$ unterscheiden. Letztere sind gleichen Oberflächenzuständen (starke Störung) zuzuordnen. Angegeben werden die Mittelwerte $\overline{v_f{}^+}$ und die bei jeder Übersättigung gemessenen größten Werte $(v_f{}^+)_{max}$.

Die Versuche zeigen, daß man zwischen zwei Gruppen von Oberflächenstörungen unterscheiden muß. Auf der „glatten" Fläche handelt es sich um (relativ wenige) lokalisierte Störungen, deren Auswirkungen auf das Wachstum längere Zeit gleich bleiben können und die ein Wachstum ohne zweidimensionale Keimbildungsarbeit ermöglichen. Kleine Änderungen dieser Feinstruktur bedingen geringe Änderungen der Wachstumsgeschwindigkeit. Außer diesen Störungen gibt es solche, die zwar ebenfalls lokalisiert gebildet werden, sich dann aber relativ schnell über die gesamte Fläche aus-

---

*) Die Berechnung der Übersättigung aus den gemessenen ΔT-Werten (vgl. II. Kapitel) erfolgt nach der Beziehung: $\Delta p/p = (\Lambda/RT^2)\Delta T$; molare Verdampfungswärme: $\Lambda = 18,0$ Kcal. (G. KLIPPING)

80 Experimentelle Methoden zum Studium des Wachstums einzelner Kristallflachen

breiten. Dabei bildet sich eine sichtbar vergröberte Oberflächenstruktur aus, die eine große Zahl von Wachstumsstellen (Halbkristallagen) aufweist und nicht ausheilen kann.

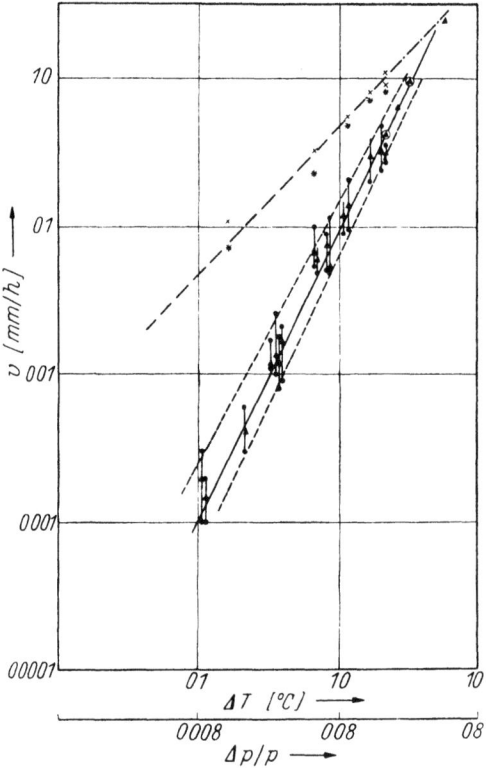

Abb. 50. Abhängigkeit der Wachstumsgeschwindigkeit v (Urotropinkristalle) von der Temperaturdifferenz ΔT bzw. Übersättigung $\frac{\Delta p}{p}$ in doppelt logarithmischer Darstellung. Versuchstemperatur 70° C. Bedeutung der Meßpunkte: $\overline{v_n}$ = ▲; (v_n)max und (v_n)min = •; $\overline{v_{f^+}}$ = *; (v_{f^+})max = x.

Abschließend sei ein Experiment von SPANGENBERG und NITSCHMANN (1940) beschrieben, das als ein weiterer Beweis dafür gelten kann, daß die an NaCl beobachteten Flächen 111, 110 und 210 sich in ihrem Wachstumsmechanismus grundsätzlich von dem der 100-Flächen unterscheiden.

Hängt man ungestörte Kristalle, die nur von 100-Flächen begrenzt sind, in übersättigte Lösungen und hält das abgeschlossene Gefäß auf konstanter Temperatur, so findet man einen Bereich der Übersättigung, in dem der eingehängte Kristall keine Gewichtszunahme (Wachstumsgeschwindigkeit = 0) mehr zeigt. Dieser Bereich wird unwirksamer Übersättigungsbereich genannt. Für NaCl-Würfel erstreckt sich dieser Bereich vom Sättigungspunkt bis zur Übersättigung von 0,045%. Verwendet man Kristalle, die außer 100 eine oder mehrere der übrigen genannten Flächen aufweisen, wird ein unwirksamer Übersättigungsbereich nicht gefunden. Daraus folgt, daß nur die Würfelflächen G-Flächen, die übrigen dagegen vergröberte Flächen (W-Flächen) sind. Die wachsenden Kristalle entziehen der Lösung ständig gelöste Substanz, so daß die Übersättigung laufend abnimmt. Ist der Zusammenhang zwischen Wachstumsgeschwindigkeit und Übersättigung linear, so ist das Wachstum solange möglich, bis die Übersättigung den Wert Null erreicht hat. Fällt dagegen die Wachstumsgeschwindigkeit bei kleiner werdender Übersättigung exponentiell ab, so wird diese (schon bei endlichen Werten der Übersättigung) so geringe Werte annehmen, daß der Lösung praktisch keine gelöste Substanz mehr entzogen wird. Die Lösung bleibt leicht übersättigt und die Wachstumsgeschwindigkeit des Kristalls ist praktisch Null.

2. Optische Oberflächenuntersuchungen

a) Bemerkungen zu den licht- und elektronenoptischen Verfahren

Im folgenden sollen einige licht- und elektronenoptische Verfahren erwähnt werden. Eine genauere Beschreibung findet man in der angegebenen Literatur. Es wird hier lediglich diskutiert, inwieweit die einzelnen Verfahren geeignet sind, Wachstumsstrukturen zu beobachten, und welche Verfahren eine Untersuchung wachsender Kristalle ermöglichen [vgl. insbesondere VERMA (1953); W. DEKEYSER und S. AMELINCKX (1955)].

Ein Kriterium für die Erkennbarkeit von Schichten, Stufen und Subindividuen auf Kristallflächen liefern das laterale und das vertikale Auflösungsvermögen. Es versteht sich von selbst, daß nur solche Strukturen aufgelöst werden, deren Abstände größer sind als das erreichbare laterale Auflösungsvermögen. Das bedeutet, daß man z. B. gleichmäßig vergröberte Strukturen im Lichtmikroskop nur erkennen kann, wenn die Abstände der Subindividuen größer als einige tausend Å sind. Dagegen läßt sich bei Anwendung der Phasenkontrast- oder Interferenzverfahren unter günstigen Bedingungen ein vertikales Auflösungsvermögen (Tiefenauflösung) von einigen Å erreichen. Das bedeutet, daß man Schichten mit atomaren oder molekularen Stufenhöhen erkennen kann, sofern der Abstand der Stufen größer ist als das laterale Auflösungsvermögen. Im Elektronenmikroskop können prinzipiell sowohl lateral als auch vertikal einige Å aufgelöst werden.

Kristallbeobachtungen sind jedoch ebenfalls an mehrere einschränkende Bedingungen geknüpft.

Die Beobachtung eines wachsenden Kristalls ist nur möglich, wenn das optische Verfahren keine Bearbeitung der Oberfläche (z. B. Versilbern) erfordert und wenn der Abstand Kristalloberfläche/Objektiv groß genug gehalten werden kann, so daß eine Küvette, in der der Kristall wächst, Platz findet.

Das *Phasenkontrastverfahren* [vgl. E. MENZEL (1955) und H. WOLTER (1956)] ist zur Untersuchung wachsender Kristalle in Küvetten gut geeignet. Dickeschwankungen der Küvettenplatten stören die Abbildung (im Gegensatz zu den Interferenzverfahren) nicht. Durch Spiegeloptiken kann der freie Objektabstand vergrößert werden, so daß eine Beobachtung auch bei größeren Aperturen möglich ist.

Das vertikale Auflösungsvermögen wird durch zahlreiche Faktoren beeinflußt: Feinstruktur der Stufen, Brechungsindex oder Reflexionsvermögen des Kristalls, Streulicht am Kristall oder an den Objektiven, Apertur der Objektive usw. MENZEL (1955) gibt an, daß bei Beobachtung im Durchlicht Stufen an Lackhäutchen bis 80 Å mühelos erkannt werden können. FORTY (1952) schätzt ab, daß bei Beobachtung im Auflicht an Metallkristallen Stufen bis zu 20 Å sichtbar werden. AMELINCKX (1951) beobachtet auf SiC-Kristallen Stufenhöhen von 7 Å. Nach Untersuchungen von FORTY (1952 und 1954) kann der Kontrast durch adsorbierte Fremdstoffe an Stufenkanten erheblich gesteigert werden. Auf diese Weise wurden auf Ag-Kristallen Stufen bis zu 2 Å beobachtet, die ohne adsorbierte Fremdstoffe nicht sichtbar waren [FORTY und FRANK (1953)]. M. FRANÇON und Mitarb. (1950) beschreiben ein Verfahren, mit dem Schichtdickenmessungen bis 2 Å möglich sein sollen. Es wurden damit Stearinsäurefilme von 24 Å Dicke gemessen.

Die verschiedenen lichtmikroskopischen *Interferenzverfahren* [vgl. FRANÇON (1956)] sind für Kristallbeobachtungen unterschiedlich geeignet. Die verschiedenen Verfahren (Zweistrahl-, Vielstrahl-, Polarisations-Interferenzen und innere Interferenzen) unterscheiden sich durch die Art der Gewinnung der optischen Vergleichswelle, die mit der Bildwelle zur Interferenz gebracht wird. Je nachdem die Vergleichswelle zur Bildwelle parallel oder um einen kleinen Winkel geneigt ist, erscheint die beobachtete Fläche im Interferenzkontrast oder von Interferenzstreifen durchzogen.

Zur Untersuchung wachsender Kristalle sind die Verfahren ungeeignet, bei denen die Vergleichswelle durch ein Glasplättchen erzeugt wird, das auf das Objekt aufgelegt wird. Geeignet sind dagegen solche Verfahren, die im Prinzip der MICHELSON-Anordnung entsprechen. Allerdings sind dann hohe Anforderungen an die optische Güte der Küvettenplatten zu stellen.

Bei den *Zweistrahlinterferenzen* entspricht das laterale Auflösungsvermögen dem des verwendeten Objektivs. Das Tiefenauflösungsvermögen beträgt bei visueller Auswertung etwa 300 Å. Durch photometrische Vermessungen photographischer Aufnahmen oder durch das Äquidensitenverfahren nach LAU und KRUG (1957) kann die Meßempfindlichkeit auf 30 Å gesteigert werden.

Der Übergang von Interferenzstreifen zum Interferenzkontrast bietet bei den meisten Anordnungen keine Schwierigkeiten. Das Reflexionsvermögen der Vergleichsfläche kann dem des Objektivs angepaßt werden. Das Reflexionsvermögen der Kristallfläche braucht also nicht durch Aufdampfschichten vergrößert zu werden. Der freie Objektabstand entspricht dem der normalen Mikroskopobjektive.

Vielstrahlinterferenzen [TOLANSKY (1948)] sind nur anwendbar für Flächen mit hohem Reflexionsvermögen. Auf schlecht reflektierende Flächen müssen dünne Ag- oder Al-Schichten aufgedampft werden. Auf die Oberfläche muß eine optisch hochwertige, halbverspiegelte Glasplatte möglichst eng aufgelegt werden. Das laterale Auflösungsvermögen wurde von W. KRUG (1955) kritisch diskutiert. Es ist bei Anwendung von Vielstrahlinterferenzen geringer als bei Zweistrahlinterferenzen. Für die Tiefenauflösung wurde von TOLANSKY (1948) 5 Å angegeben. VERMA (1951) hat an SiC-Kristallen Stufenhöhen von 15 Å gemessen.

Anordnungen für *Polarisationsinterferometrie* wurden von FRANÇON (1952), NOMARSKI und WEILL (1954, 1955) beschrieben. Der Vorteil dieses Verfahrens beruht darin, daß die notwendigen Zusatzeinrichtungen an jedem normalen Mikroskop angebracht werden können.

Das laterale Auflösungsvermögen ist bestimmt durch die Apertur des verwendeten Objektivs. Beim NOMARSKI-Verfahren wird ein WOLLASTON-Prisma zwischen Objektiv und Objekt eingeschaltet; es können daher nur Objektive mit einem ausreichenden Objektabstand zur Anwendung kommen. FRANÇON verwendet ein SAVART-Polariskop, das vor das Okular gesetzt wird; der freie Objektabstand bleibt dadurch erhalten. Das vertikale Auflösungsvermögen hängt außer von den früher angeführten Bedingungen von der Güte der Polarisatoren ab. Der theoretische Wert beträgt etwa $\lambda/1000$. NOMARSKI und WEILL messen auf SiC-Kristallen Stufenhöhen bis 20 Å.

Bei plättchenförmigen sehr dünnen Kristallen kann man *innere Interferenzen* beobachten [FORTY (1952)]. Bei weißem Licht zeigen die Kristalle verschiedene, der Dicke entsprechende, Interferenzfarben. NEWKIRK (1955) analysiert das Licht der Abbildung in einem Spektrometer und bestimmt dadurch die Dicke wachsender CdJ_2-Kristalle. Meist lassen sich die Farbunterschiede visuell abschätzen. Lateral läßt sich das volle Auflösungsvermögen des Mikroskops ausnützen. Vertikal wurden von FORTY an CdJ_2 Stufenhöhen von 50–1500 Å gemessen. Äußere Glasflächen stören die Abbildung nicht, das Reflexionsvermögen der Kristallflächen braucht nicht erhöht zu werden. Die Beobachtung wachsender Kristalle in Küvetten ist also gut möglich.

Eine eingehende Beschreibung des *Elektronenmikroskops* und der Verfahren für Oberflächenuntersuchungen findet man in einem Handbuchartikel von LEISEGANG (1956). Das theoretisch berechnete laterale Auflösungsvermögen liegt beim Elmiskop I (Siemens) bei 2,8 Å, z. Zt. werden experimentell 8 Å (Punktauflösung) erreicht [RUSKA und WOLFF (1956)]. Mit dem gleichen Mikroskop konnten MENTER (1956) und kurz darauf NEIDER (1956) einzelne Netzebenen von Platin-, Kupfer- und Nickel-Phthalocyaninkristallen abbilden. Der Netzebenenabstand beträgt etwa 10 Å.

Das Tiefenauflösungsvermögen (bei Beobachtung senkrecht zur Fläche) wurde von RAETHER (1946) theoretisch zu 50 Å abgeschätzt. Von DAWSON und VAND (1951) wurden auf Paraffinkristallen Stufen der Höhe 43 Å beobachtet und nach Schrägbedampfung mit Palladium aus der Schattenlänge gemessen. Nach unveröffentlichten Arbeiten von A. M. D'ANS können auf MgO-Kristallen Stufen bis zu 20 Å Höhe identifiziert werden.

Die zu beobachtenden Kristalle müssen sehr klein sein; eine Durchstrahlung ist nur bis zu Dicken von etwa 1000 Å möglich. Da sie bei der Aufnahme erwärmt werden, können nur thermisch stabile Kristalle untersucht werden. Ferner müssen Methoden zur Herstellung und Präparierung angewendet werden, die von den Erfordernissen des Mikroskops bestimmt werden. Die Beobachtung wachsender Kristalle unter definierten Bedingungen (Übersättigung, Temperatur) ist bis jetzt nicht möglich.

Abschließend sei erwähnt, daß Untersuchungen von Oberflächenstrukturen durch Lack-, Oxyd- oder Kohleabdrücke möglich sind. Durch Schrägbedampfung der Abdruckfolien können Stufenhöhen bis zu einigen Å gemessen werden.

b) Schicht- und Spiralwachstum

Von den Beobachtungen an Kristallflächen soll nur eine Auswahl von Beispielen referiert werden. Es werden nur solche Ergebnisse berücksichtigt, bei denen die *hkl*-Werte der Flächen angegeben sind.

In einigen Fällen konnte nachgewiesen werden, daß das Wachstum über einmolekulare Schichten erfolgt [vgl. Tab. 5 und VOLMER (1939)]. Diese entstehen an ausgezeichneten Stellen der Kristalloberfläche und breiten sich tangential zum Rande hin aus. Bilden sich neue Schichten aus, bevor die

Tabelle 5
Schicht- und Spiralwachstum

Substanz	Wachstums-bedingungen	Flachen	Schichten	Spiralen	Stufen-höhen	Literatur
Cu	Schmelze	111, 110	x		n	nach WRANGLÉN (1955)
	Elektrolyse	111, 100	x		n	nach WRANGLÉN (1955), vgl. FISCHER (1954)
Ag	Sublimation	111, 100	x	(x)	1a	FORTY und FRANK (1953)
	Elektrolyse	111, 100	x	(x)	n	nach WRANGLÉN (1955)
Au	chem. Reaktion	111		x	n	AMELINCKX (1952)
	Schmelze	111	x		n	nach WRANGLÉN (1955)
Pb	Elektrolyse	111, 100	x	(x)	n	nach WRANGLÉN (1955)
Pt	chem. Reaktion	111	x	(x)	n	VOTAVA (1953)
Urotropin . .	Sublimation	110	x		n	STRANSKI und HONIGMANN (1950)
Cd	Sublimation	0001	x	(x)	1000 bis 1500 Å	POLLOCK und MEHL (1955)
	Elektrolyse	0001, 10$\bar{1}$0	x		n	nach WRANGLÉN (1955)
Zn	Sublimation	0001	x		200 bis 2·10^4 Å	D. GEIST (1949)
Cd, Mg . . .	Sublimation	0001		x	1a, 2a	FORTY (1952)
Zn	Sublimation	0001	x		1a	
Ti	Elektrolyse	0001		x	240 Å	STEINBERG (1952)
FeS$_2$	Mineralkr.	001		x	n	SEAGER (1952)
Stearinsäure .	Lösung	001	x	x	2a	VERMA und REYNOLDS (1953) ANDERSON und DAWSON (1953)
n-Hektan . .	Lösung	001	x?	x	1a	DAWSON (1952)
n-Nonatriakontan	Lösung	001	x	x	1a	ANDERSON und DAWSON (1953)
n-Fettsäuren C$_{22}$, C$_{24}$, C$_{26}$	Lösung	001		x	1a, 2a	AMELINCKX (1953)
Palmitinsäure	Lösung	001		x	1a, 2a	VERMA (1954)

Tabelle 5
(Fortsetzung)

Substanz	Wachstums-bedingungen	Flächen	Schichten	Spiralen	Stufenhöhen	Literatur
Paratoluidin	alkohol. Lösung	001	x		$1a$–$3a$	R. Marcelin (1918); vgl. Volmer (1939)
PbJ_2	chem. Reaktion	0001	x		n	Volmer (1922)
CdJ_2	Lösung	0001	x	x	n	Forty (1951 und 1952), Newkirk (1955)
NaCl	Lösung	001	x		1700 bis 4100 Å	Yamamoto (1938/39), Bunn und Emmett (1949)
	Sublimation	001		x(?)	$1a$ (?)	Votava und Amelinckx nach De-Keyser und Amelinckx (1955)
$Pb(NO_3)_2$	Lösung	111, 100	x		n	Bunn und Emmett (1949)
Li_2SO_4	Lösung	110		x	≈ 3000Å	Rae und Robinson (1954)
KH_2PO_4	Lösung	110	x		n	Bunn und Emmett (1949)
Graphit	Mineral	0001		x	≈ 500Å	Horn (1952)
Quarz	Mineral	0001		x	n	Weill (1952)
Beryllium	Mineral	$10\bar{1}0$		x	$1a$	Griffin (1951)
Hämatit	Mineral	0001		x	$1a$–n	Verma (1952)
Apatit	Mineral	$10\bar{1}0$, 0001		x	$1a$–n	Amelinckx (1952)

Anmerkungen zur Tabelle. Für die fettgedruckten Substanzen sind die G-Flächen bekannt (vgl. Tab. 1 und 2a). Bei den Angaben der Stufenhöhen bzw. Schichtdicken bedeuten $1a$, $2a$ oder n ein-, zwei- oder vielatomare bzw. molekulare Schichten. Findet man in den zitierten Arbeiten den Hinweis, daß Schichten häufiger als Spiralen beobachtet werden, so ist das Kreuz in der Rubrik „Spiralen" eingeklammert: (x).

darunterliegenden die Kante der Fläche bzw. den Rand des Kristalls erreicht haben, so kann dies zur Ausbildung einer mehrmolekularen Schicht führen, deren Schichtdicke laufend größer wird. Mit zunehmender Dicke sinkt die tangentiale Ausbreitungsgeschwindigkeit ab. Diese Beobachtung stützt die theoretischen Vorstellungen über das Wachstum der G-Flächen. Die Ausbildung von monoatomaren (oder monomolekularen) Wachstumsschichten ist *nur* auf G-Flächen möglich (vgl. Abschn. VI, 4a).

In zahlreichen Fällen wurden jedoch Schichten mit Dicken bis zu 10000 Å beobachtet. Meist reichte dabei das Tiefenauflösungsvermögen nicht aus, um Einzelheiten in atomaren Dimensionen erkennen zu können.

Es ist möglich, daß auch die Ausbildung dickerer Schichten nach dem oben erwähnten Mechanismus erfolgt [vgl. BUNN und EMMETT (1949); STRANSKI und HONIGMANN (1950); KLEBER (1955)]. Die Schichtdicken müssen dann je nach Wachstumsbedingungen unterschiedliche Höhe haben und mit Ausbreitung zum Rand der Flächen an Dicke zunehmen. Es liegen jedoch auch Beobachtungen über Schichten mit nahezu gleichbleibender Dicke vor. GRAF (1942, 1951) und FISCHER (1948) bezeichnen solche Schichten als Lamellen. Der GRAFsche Erklärungsversuch des Lamellenwachstums wird von verschiedenen Seiten nicht anerkannt. Die Diskussionen sind noch in Fluß. Fest steht jedoch, daß sowohl dickere „Schichten" als auch „Lamellen" bisher nur auf niedrig indizierten Ebenen beobachtet wurden. Bei allen nach anderen Methoden bereits untersuchten Substanzen (Kap. III und

a) 111-Fläche

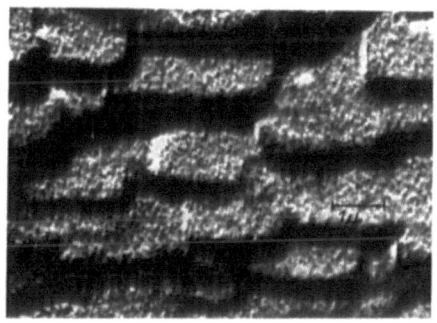

b) 120-Fläche

Abb. 51. Wasserbehandelte Flächen von NaCl (Elektronenmikroskop-Abdruckverfahren mit Schrägbedampfung) nach RAETHER (1946).

88 Experimentelle Methoden zum Studium des Wachstums einzelner Kristallflächen

IV) handelt es sich bei diesen Flächen ausschließlich um G-Flächen (Tab. 5). Ob sich diese Beobachtungen so verallgemeinern lassen, daß jede (multimolekulare) Wachstumsschicht das Vorliegen einer G-Fläche beweist, sollte jedoch von weiteren Experimenten abhängig gemacht werden.

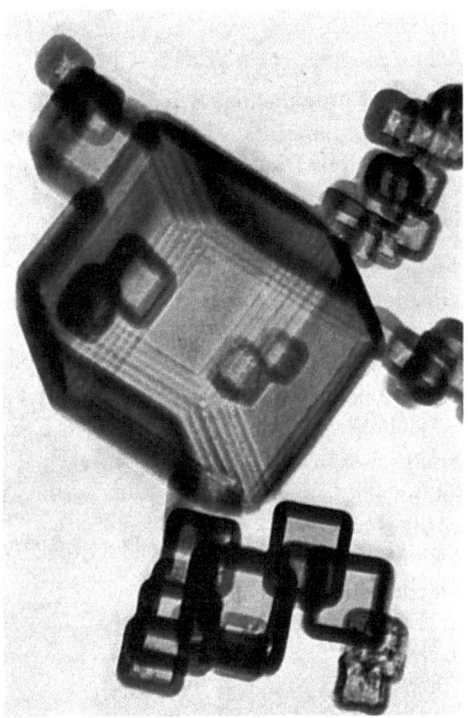

Abb. 52. Elektronenmikroskopisches Bild eines Kohleabdruckes der Oberfläche eines MgO-Kristallchens mit glatten 100-Flächen und vergröberten Oberflächenbereichen. – Kristalldurchmesser: ≈ 3000 Å; mittlere Stufenhöhe: ≈ 100 Å. [Aufnahme: A.M. D'Ans (Fritz-Haber-Institut)]

Ähnlich liegen die Verhältnisse beim Spiralwachstum. Die Ausbildung von Spiralterrassen mit Stufenhöhen molekularer Dimensionen kann nach FRANK (1949) bekanntlich durch das Vorliegen einer Schraubenversetzung erklärt werden. Eine einfache Überlegung ergibt, daß Schraubenwachstum (mit atomaren Stufenhöhen) nur auf G-Flächen möglich ist (vgl. Abschn. VI, 4c).

Sehr häufig werden jedoch Stufenhöhen bis zu 1000 und 10000 Å beobachtet. Eine Zusammenstellung von Beispielen (bei denen die jeweiligen G-Flächen als bekannt angesehen werden können) ergibt, daß bisher Spiralen mit mikroskopischen Stufenhöhen ebenfalls nur auf G-Flächen beobachtet worden sind (vgl. Tab. 5). Die Meinungen über den Mechanismus der Ausbildung mikroskopischer Spiralen sind jedoch noch geteilt.

c) Vergröberte Flächen

Abschließend sollen einige Beispiele für Beobachtungen vergröberter Flächen erwähnt werden. RAETHER (1946) berichtet über Oberflächenuntersuchungen von Steinsalzflächen. An Spaltkristallen (100) werden durch mechanische Bearbeitung (Schneiden, Schleifen, Polieren) 110-, 111- und 210-Flächen erzeugt. Beim Aufbewahren der Kristalle in wäßriger dampfgesättigter Luft (15 min) werden alle polierten Flächen bis auf 100 matt. Die im Elektronenmikroskop mittels Abdruckverfahren und Elektroneninterferenzen untersuchten Flächen zeigen eine vergröberte Struktur, wie sie vermutlich auch beim wiederholbaren Wachstum ausgebildet wird (Abb. 51).

Wie bereits im Kap. III, 2 erwähnt, hat Fräulein Dr. D'ANS an MgO-Kristallen neben glatten 100-Flächen vergröberte Flächen bzw. Oberflächenbereiche beobachtet. Die Kristalle werden durch Abbrennen von Mg-Metallband in Luftatmosphäre erzeugt, mit einer sehr dünnen Kohleschicht überzogen und schließlich aufgelöst. Die zurückbleibende Kohlenstoffhülle wird im Elektronenmikroskop beobachtet (Abb. 52).

Kapitel VI

Theorie

Es sollen hier vorwiegend die grundlegenden Gesetzmäßigkeiten dargelegt werden, die am Modell des Ideal-Kristalls, der von seinem reinen verdünnten Dampf umgeben ist, abgeleitet worden sind. Diese bilden auch die Grundlage für das Studium der Vorgänge in kondensierten Systemen und allgemein für die Erforschung der Gleichgewichts- und Wachstumsformen realer Kristalle. Über den gegenwärtigen Stand informieren folgende Arbeiten: VOLMER (1939), STRANSKI (1949, 1950), BURTON, CABRERA und FRANK (1951), KNACKE und STRANSKI (1952) und STRANSKI (1956).

1. Die Methoden zur Bestimmung der Gleichgewichtsform

a) Die Methode von GIBBS-WULFF

Die freie Energie eines Kristalls läßt sich seinem Volumen, den Oberflächen, den Kanten und Ecken zuordnen. Der Einfluß der Kanten und Ecken ist verhältnismäßig gering und macht sich erst bei kleinsten Kriställchen bemerkbar. Man kann daher näherungsweise die gesamte freie Energie in einen Volumen- und einen Oberflächenteil zerlegen. Die Gleichgewichtsform liegt vor, wenn die freie Energie ein Minimum hat. Unter allen Kristallformen des gleichen Volumens und damit gleicher Volumenenergie ist diejenige mit der kleinsten freien Oberflächenenergie die Gleichgewichtsform. Sie wird also durch folgende Variationsaufgabe (auch GIBBSsche Bedingung genannt) bestimmt:

$$\sum F_i \sigma_i = \min; \quad V = \text{const.} \qquad (1)$$

F_i und σ_i = Flächeninhalt und spezifische freie Oberflächenenergie der i-ten Fläche; V = Volumen.

Die Lösung dieses Variationsproblems wird als WULFFscher Satz bezeichnet, der wie folgt formuliert werden kann:

$$\sigma_i/h_i = \text{const.} \qquad (2)$$

h_i ist die Zentraldistanz der i-ten Fläche. Der Wert der Konstanten ist aus Gleichung (3) zu ersehen. Exakte Ableitungen dieses Satzes und eine kritische Wertung früherer Beweise findet man bei VOLMER (1939), DINGHAS (1943) und M. v. LAUE (1943).

Der WULFFsche Satz gibt die Vorschrift zur Bestimmung der Gleichgewichtsform: man fällt von einem Punkt die Lote auf alle möglichen Begrenzungsflächen (i), trägt von diesem Punkt aus Strecken ab, die den zugehörigen σ_i-Werten proportional sind und legt durch die erhaltenen Endpunkte die Normalebenen. Diese Strecken werden als Zentraldistanzen h_i bezeichnet. Das sich dabei ergebende kleinste Polyeder ist die gesuchte Gleichgewichtsform (vgl. Abb. 61 und 75). Daraus ist zu ersehen, daß die Gleichgewichtsform vorwiegend die Flächen mit der kleinsten spezifischen Oberflächenenergie enthält.

Von besonderer Bedeutung für alle Gleichgewichtsbetrachtungen ist der Zusammenhang zwischen Dampfdruck und Kristallgröße. Dieser wird durch die THOMSON-GIBBSsche Gleichung*) beschrieben:

$$kT \ln \frac{p_h}{p_\infty} = 2 v_0 \frac{\sigma_i}{h_i}; \tag{3}$$

p_h und p_∞ = Dampfdruck des endlichen bzw. des unendlich großen Kristalls (p_∞ ist identisch mit der als Sättigungsdruck p_s bekannten Größe);
k = BOLTZMANN-Konstante;
T = absolute Temperatur;
v_0 = Molekülvolumen im kristallinen Zustand;
h_i = Zentraldistanz der i-ten Fläche.

b) *Die Methode von* STRANSKI-KAISCHEW

Mit Hilfe der molekularen Abtrennungsarbeiten (KOSSEL, STRANSKI), vor allem aber durch die Einführung der mittleren Abtrennarbeit, konnten STRANSKI und KAISCHEW eine Methode zur Bestimmung der Gleichgewichtsform entwickeln, die hier ebenfalls kurz skizziert werden soll.

Die Bedingung, daß alle Flächen der Gleichgewichtsform den gleichen Dampfdruck besitzen, ist identisch mit der Bedingung, daß einzeln für jede Fläche die Wahrscheinlichkeiten für Auflösen oder Bildung einer Netzebene gleich groß sind. Vereinfacht besagt dies, daß alle Oberflächennetzebenen die gleiche mittlere Abtrennarbeit je Baustein aufweisen.

Gleichung (3) enthält dann folgende Form:

$$kT \ln \frac{p_h}{p_\infty} = \bar{\varphi}_\infty - \bar{\varphi}_h = \varphi_{1/2} - \bar{\varphi}_h. \tag{4}$$

$\bar{\varphi}_h$, die mittlere Abtrennarbeit, wird bestimmt, indem man sukzessive alle Bausteine der Oberflächennetzebene (in beliebiger Reihenfolge) ab-

---

*) Ableitungen und eine ausführliche Diskussion dieser Gleichung findet man in einer Arbeit von STRANSKI (1943/44).

trennt, die notwendigen Abtrennarbeiten addiert und durch die Zahl der Bausteine dividiert. $\overline{\varphi}_\infty = \varphi_{1/2}$ ist die Abtrennarbeit eines Bausteins von der Halbkristall-Lage (Abb. 53).

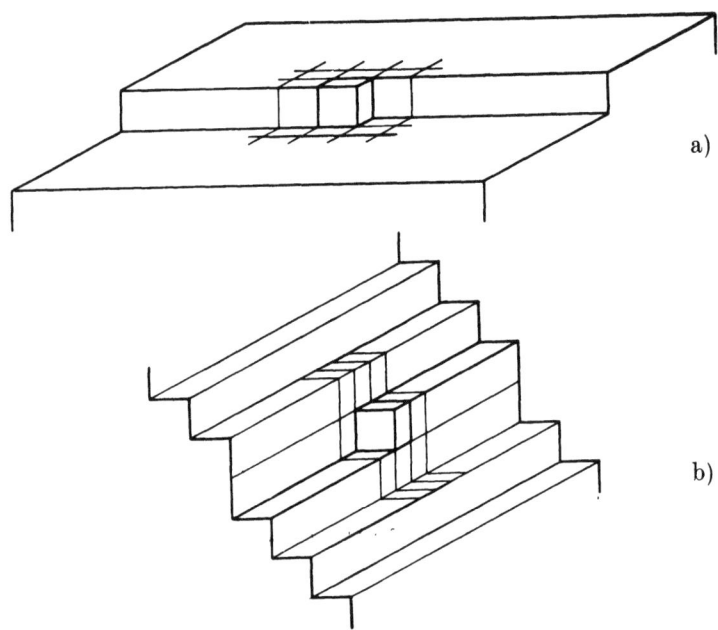

Abb. 53. Halbkristall-Lage auf 100 (a) und 110 (b) des einfach kubischen Gitters.

Um die Gleichgewichtsform, die zur Dampfphase mit dem Druck p_h ($p_h > p_\infty$) gehört, zu bestimmen, verfährt man folgendermaßen. Man geht von einer beliebigen einfachen Kristallform aus und entfernt der Reihe nach alle Bausteine, deren Abtrennarbeiten (φ_ν) geringer sind als die mittlere Abtrennarbeit $\overline{\varphi}_h$ ($\varphi_\nu < \overline{\varphi}_h < \varphi_{1/2}$). Auf diese Weise erscheinen alle Flächen, die zur Gleichgewichtsform gehören. Nun variiert man die Flächeninhalte solange, bis für jede der Flächennetzebenen die mittlere Abtrennarbeit pro Baustein ($\overline{\varphi}_h$) gleich groß wird.

Die Ableitungen unter Verwendung der Abtrennarbeiten beziehen sich auf die Temperatur $T = 0°$ K. Bei höheren Temperaturen müßten die Betrachtungen nach VOLMER mit Hilfe des chemischen Potentials μ (VOLMER bezeichnet diese Größe als thermodynamisches Potential) durchgeführt werden:

$$\mu = -kT \ln v_\nu = -\varphi_\nu - kT \ln \tilde{v}_\nu. \tag{5}$$

Hierin bedeuten v_ν die der Abtrennarbeit eines ν-ten Bausteines entsprechende reziproke Sättigungskonzentration in der Dampfphase und $\tilde{v}_\nu$ das Schwingungsvolumen des Gitterbausteins.

Die THOMSON-GIBBSsche Gleichung ist dann z. B. wie folgt zu formulieren:

$$kT \ln \frac{p_h}{p_\infty} = \mu_{1/2} - \bar{\mu}_h , \qquad (6)$$

$\mu_{1/2}$ bedeutet das chemische Potential eines Bausteins in der Halbkristall-Lage und

$\bar{\mu}_h$ bedeutet entsprechend das mittlere chemische Potential der Bausteine einer Fläche mit der Zentraldistanz h.

Solange man aber nicht genauer zwischen den Schwingungsvolumina der einzelnen Bausteine der Kristalloberfläche unterscheiden kann (VOLMER selbst setzt sie bei Berechnung praktischer Beispiele gleich), würde dies jedoch nur zu einer komplizierteren Schreibweise führen.

Zur Berechnung der Abtrennarbeit von der Halbkristall-Lage aus der bei der Temperatur T gemessenen molaren Verdampfungswärme Λ_T müßen streng genommen sowohl deren Temperaturabhängigkeit als auch die Nullpunktsenergie E_0 berücksichtigt werden:

$$N_L \cdot \varphi_{1/2} = \Lambda_0 + E_0 \approx \Lambda_T - \int_0^T (Cp' - Cp'') dT + \sum_1^{3N_L} \frac{h\nu}{2}.$$

Cp' bzw. Cp'' sind die Molwärmen bei konstantem Druck für das Gas bzw. den Festkörper.

Nach VOLMER (1939) kann eine ebenso gute wie bequeme Näherungslösung angegeben werden, und zwar unter Voraussetzung eines einatomigen Gases und eines EINSTEINschen Festkörpers:

$$N_L \cdot \varphi_{1/2} = \Lambda_T + \frac{1}{2} RT \quad \text{bzw.} \quad \varphi_{1/2} = \lambda_T + \frac{1}{2} kT. \qquad (7)$$

c) Regeln zur Bestimmung von G-Flächen

Aus den Gesetzmäßigkeiten der Ausbildung zweidimensionaler Keime im Gleichgewicht und beim Wachstum lassen sich zwei Regeln ableiten, mit deren Hilfe die G-Flächen spezieller Gittertypen bestimmt werden können.

Unter einem zweidimensionalen Keim – der Begriff wurde von VOLMER eingeführt – versteht man eine Netzebeneninsel auf einer glatten Fläche, die im Gleichgewicht mit einem gegebenen Druck p_h steht. (Ein Kriställchen der Gleichgewichtsform wird, wie erwähnt, bei gegebenem Druck p_h als dreidimensionaler Keim bezeichnet.)

Die Form des zweidimensionalen Keimes ergibt sich aus der dem „zweidimensionalen Fall angepaßten" GIBBSschen Bedingung:

$$\sum \varrho_i \cdot L_i = \min; \quad F = \text{const.} \qquad (8)$$

ϱ_i = freie spezifische Randenergie des i-ten Randes;
L_i = Kantenlänge des i-ten Randes;
F = Flächenausdehnung der Netzebeneninsel.

Als Lösung dieses Variationsproblems erhält man eine dem WULFFschen Satz analoge Beziehung:

$$\varrho_i/h'_i = \text{const.} \qquad (9)$$

Die Abhängigkeit des Dampfdrucks $(p_{h'})_i$ von der Zentraldistanz h'_i des i-ten Randes wird durch die modifizierte THOMSON-GIBBSsche Gleichung beschrieben:

$$kT \ln \frac{p_{h'}}{p_\infty} = \frac{\varrho_i}{h'_i} \cdot f_0. \qquad (10)$$

f_0 ist der Flächenbedarf eines Bausteins. Bezeichnet man das Bausteinvolumen im Gitter mit v_0 und den Netzebenenabstand mit e, so ist $f_0 = v_0/e$.

Die freie Randenergie einer Netzebeneninsel hängt noch von der relativen Lage zur Aufsitzfläche ab. Bei nichtpolaren idealen Kristallen findet man den Keim mit der kleinsten Randenergie in der Flächenmitte, beim NaCl-Gitter dagegen an der Flächenecke. Letzteres folgt daraus, daß die Randenergie an der Kante kleiner ist als im Innern der Würfelfläche [vgl. BRANDES und VOLMER (1931); STRANSKI und KAISCHEW (1934)].

Analog zum dreidimensionalen Fall kann das Gleichgewicht eines zweidimensionalen Keims mit Hilfe der mittleren Abtrennarbeit einer Randreihe des Keims $(\bar{\varphi}_{h'})_i$ beschrieben werden (STRANSKI, KAISCHEW). Im Gleichgewicht sind die $(\bar{\varphi}_{h'})_i$-Werte aller Ränder (i) des zweidimensionalen Keims gleich groß und am Keimrand ist kein Baustein loser gebunden als $\bar{\varphi}_{h'}$. Die THOMSON-GIBBSsche Gleichung kann dann wie folgt formuliert werden:

$$kT \ln \frac{p_{h'}}{p_\infty} = \varphi_{1/2} - (\bar{\varphi}_{h'})_i. \qquad (11)$$

Der Zusammenhang mit dem dreidimensionalen Fall ergibt sich aus den Bedingungen: $\bar{\varphi}_{h'} = \bar{\varphi}_h$ bzw. $p_{h'} = p_h$.

Wie man sich an Hand der WULFFschen Konstruktion überlegen kann, ist die Ausbildung eines zweidimensionalen Keims nur auf einer solchen Oberflächennetzebene möglich, für die nur positive ϱ-Werte in allen Richtungen existieren. Findet man eine (und nur eine) Richtung (i^+), für die $\varrho_{i^+} = 0$ ist, so entartet die Netzebeneninsel in eine Bausteinkette (eindimensionaler

Keim). Sind die ϱ-Werte in allen Richtungen Null (oder auch negativ), so führt eine zweifache Entartung auf einen einzelnen Baustein, der rein formal als nulldimensionaler Keim bezeichnet werden kann.

Wie nach STRANSKI gezeigt werden kann, werden zweidimensionale Keime nur auf G-Flächen ausgebildet. Daraus folgt, daß für alle Richtungen (i) auf einer G-Fläche positive ϱ-Werte vorliegen. Diese Regel ist für Kristalle mit nichtpolarer Bindung umkehrbar und bietet eine einfache Möglichkeit zur Bestimmung der G-Flächen. Bei Kristallen mit heteropolarer Bindung ist zu berücksichtigen, daß einige der Flächen, die die genannte Bedingung ($\varrho_i > 0$ für alle i) erfüllen, spontan (d. h. unter Energiegewinn) vergröbern können und daher keine G-Flächen sind. Dieser Vergröberungsvorgang ist auch unter Gleichgewichtsbedingungen (konstante Temperatur, konstanter Druck) ein Wachstumsvorgang, der über ein- oder nulldimensionale Keime läuft.

Die Keimbildungsbetrachtungen führen zu einer Dreiteilung aller glatten Flächen, und zwar in solche, die über zwei-, ein- oder nulldimensionale Keime wachsen. Dies soll durch die Symbole $A\,2$-, $A\,1$- und $A\,0$-Flächen zum Ausdruck gebracht werden. Erfolgt das Wachstum über zweidimensionale Keime ($A\,2$-Fläche), so handelt es sich, wie erwähnt, um G-Flächen; beide Bezeichnungsweisen sind (für ideale Kristalle) identisch. Erfolgt es über ein- oder nulldimensionale Keime, so hat dies ein vergröbertes Wachstum zur Folge; dabei ändert sich die Oberflächenstruktur, der Keimbildungsmechanismus ($A\,1$ oder $A\,0$) bleibt jedoch erhalten. Die Vergröberung findet unter Energiegewinn sowohl bei Gleichgewichtsbedingungen als auch beim Wachstum statt. Bleibt beim vergröberten Wachstum die Flächenorientierung (hkl) näherungsweise erhalten, so liegen W-Flächen vor, andernfalls handelt es sich um V-Bereiche.

Es läßt sich noch zeigen, daß die Ränder zweidimensionaler Keime immer nur von solchen Bausteinketten begrenzt sind, bei denen die Bindungsenergie zwischen den einzelnen Bausteinen der Kette einen positiven Wert hat [φ_1 oder φ_2, wenn z. B. nur Kräfte zwischen erst- und zweitnächsten Nachbarn wirksam sind (vgl. Abschn. VI, 2a)]. Bei etwas komplizierteren Gittern (z. B. Diamantgitter) findet man als Keimbegrenzung auch Doppelketten oder Zickzackketten, die jedoch jeweils eine effektive Richtung klar erkennen lassen.

Diese Betrachtungen führen zu einer weiteren Regel zur Bestimmung von G-Flächen, die jedoch nur für Kristalle mit nichtpolarer Bindung anwendbar ist. Findet man also auf einer glatten Fläche (eines nichtpolaren Kristalls) mindestens zwei Scharen paralleler Bausteinketten, bei denen zwischen den einzelnen Bausteinen endliche Bindungskräfte wirksam sind, und deren effektive Richtungen nicht identisch sind, so ist die Fläche eine A 2- bzw. G-Fläche. Wird nur eine solche Schar paralleler Bausteinketten oder gar keine festgestellt, so liegen A 1- oder A 0-Flächen vor. Diese Analyse der Flächen kann an Hand eines Gittermodells leicht durchgeführt werden.

Ferner kann die Frage, wieviel Bausteinketten in bzw. parallel zu einer Fläche liegen, mittels der Abtrennarbeit eines einzelnen Bausteins auf einer solchen Fläche ($_{hkl}\varphi_{ad}$) berechnet werden.

Liegen mindestens zwei Scharen paralleler Bausteinketten in der Fläche, so unterscheidet sich φ_{ad} um mindestens 2 Bindungsanteile (2φ_1, 2φ_2 oder $\varphi_1 + \varphi_2$) von $\varphi_{1/2}$. Ist nur eine solche Schar vorhanden, so ergibt die Differenz einen Bindungsanteil (φ_1 oder φ_2). Liegt keine solche Bausteinkette in der Fläche, so ist $\varphi_{ad} = \varphi_{1/2}$. Man kann also nach der Bestimmung der φ_{ad}-Werte und mit Hilfe der Größe $\varphi_{1/2}$ durch Differenzbildung die Klassifizierung der betrachteten Flächen in A 2-, A 1- und A 0-Flächen vornehmen. Handelt es sich jedoch um Gittertypen, die neben geraden auch Zickzackketten enthalten, so sind alle Flächen, für die die Differenzbildung zwei Bindungsanteile ergibt, gesondert am Gittermodell zu betrachten. Fallen auf solch einer Fläche die effektiven Richtungen zweier Bindungen zusammen, so liegt eine A 1-Fläche vor.

2. Die zur Bestimmung der Gleichgewichtsform notwendigen Größen

Die Methoden zur Bestimmung der Gleichgewichtsformen sind im wesentlichen an Hand von zwei schematisierten Kristallmodellen erläutert worden.

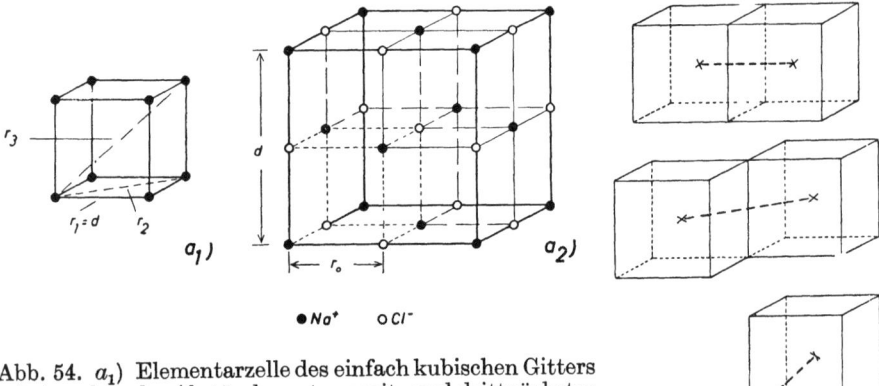

Abb. 54. a_1) Elementarzelle des einfach kubischen Gitters mit Angaben der Abstände erst-, zweit- und drittnächster Gitternachbarn (r_1, r_2 und r_3). a_2) Elementarzelle des NaCl-Gitters. b–d) Erst-, zweit- und drittnächste Gitternachbarn im Würfelmodell des einfach kubischen bzw. des NaCl-Gitters. Im ersten Fall handelt es sich um neutrale Bausteine, im zweiten um Ionen, deren Ladungen unter c) gleichnamig und unter b) und d) ungleichnamig sind.

Die zur Bestimmung der Gleichgewichtsform notwendigen Größen 97

Das eine Modell ist der von Kossel (1928) angegebene ideale Kristall mit einfach kubischem Gitter, zwischen dessen Bausteinen nichtpolare anziehende Kräfte wirksam sind. Das andere Modell ist ein idealer Ionenkristall mit

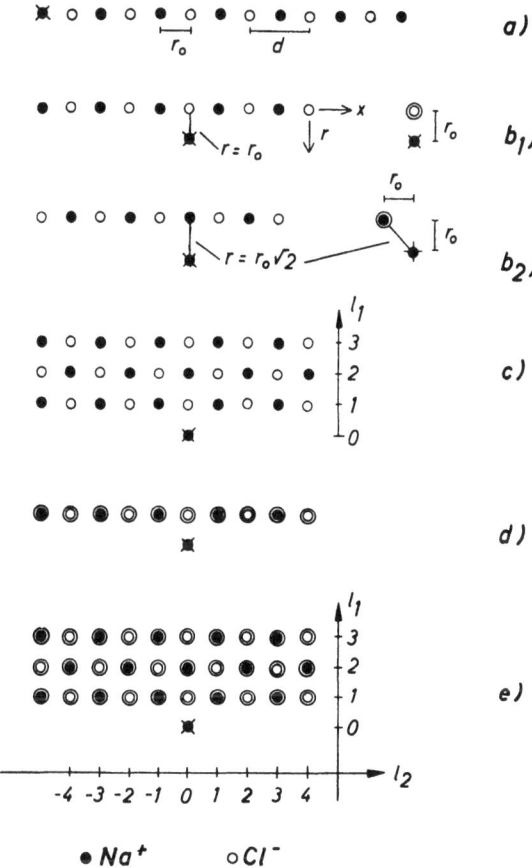

Abb. 55. Gitterelemente zur Berechnung von Abtrennarbeiten für den NaCl-Kristall. Die einfachen Kreise stellen Ionen dar, die in der Zeichenebene liegen. Die Doppelkreise stellen Ionenreihen (NaCl) dar, die senkrecht durch die Zeichenebene laufen.

NaCl-Gitter. Berücksichtigt werden die elektrostatischen Bindungskräfte und in einigen Fällen zusätzlich die Bornschen Abstoßungskräfte. Am NaCl hatten Madelung (1918) die Gitterenergie und Born und Stern (1919) die Oberflächenenergie berechnet. Am gleichen Modell hatten auch Kossel und STRANSKI (1927/28) erstmalig Auflösungs- und Wachstumsüberlegungen durchgeführt*).

Beide Modelle werden daher auch hier bei der Besprechung von Beispielen vorwiegend herangezogen. Die Kristalle werden dabei wahlweise als Punktgitter- oder Würfelmodell dargestellt (vgl. Abb. 54).

a) Die Abtrennarbeiten

Die Abtrennarbeit (bzw. Bindungsenergie) eines Ions vom NaCl-Kristall setzt sich im wesentlichen aus dem elektrostatischen Anteil $\varphi(r) = \frac{e^2}{r}$ und dem BORNschen Abstoßungsterm $\varphi^b = -\frac{B}{r^9}$ zusammen. Als Energieeinheit dient die potentielle Energie zweier ungleichnamiger Ionen im Abstand r_0 ($r_0 = \frac{d}{2}$; d = Gitterkonstante):

$$\Phi(r_0) = 1 \left[\frac{e^2}{r_0} \right]. \tag{12}$$

Zur Berechnung der Abtrennarbeit eines Ions vom Gitter muß man alle Bindungsanteile der Gitterbausteine, bezogen auf das betrachtete Ion, summieren. Im Gegensatz zu dem BORNschen Abstoßungsterm konvergieren die Reihen für den elektrostatischen Anteil sehr langsam. Durch geeignete Zusammenfassung bestimmter Gitterelemente gelangt man nach MADELUNG (1918) zu gut konvergierenden Reihen. Die Gitterelemente sind in Abb. 55 aufgezeichnet, die benötigten Abtrennarbeiten unter ausschließlicher Berücksichtigung der elektrostatischen Wechselwirkung haben die folgenden Werte:

a) Abtrennarbeit eines Ions von einer (halben) Ionenreihe (Abb. 55a):

$$\Phi' = eV' = \frac{e^2}{r_0}\left(1 - \frac{1}{2} + \frac{1}{3} - \frac{1}{4} + \cdots\right) = \ln 2 \,\frac{e^2}{r_0} = 0{,}69315\,\frac{e^2}{r_0} \tag{13}$$

(V' ist das Potential der halben Ionenreihe am Platz des abzutrennenden Ions)

b) Abtrennarbeit eines Ions von einer alternierenden Ionenreihe (Abb. 55b):

$$\Phi[R(r)] = eV[R(r)]; \quad V[R(r)] = \frac{4e}{r_0} \sum_{\substack{q=1 \\ \text{ungerade}}}^{\infty} K_0\left(\frac{q\pi r}{r_0}\right) \cos\frac{q\pi x}{r_0}. \tag{14}$$

Die Größe r ist der senkrechte Abstand von der x-Achse (Reihenachse). Läßt man nur solche dem NaCl-Gitter entsprechende Ionenlagen zu, so kann man den Abstand r durch zwei Laufzahlen l_1 und l_2 ausdrücken:

---

*) Eine vollständige Zusammenstellung aller bisher diskutierten Gittermodelle ist in Kap. I gegeben worden.

Die zur Bestimmung der Gleichgewichtsform notwendigen Größen

$r = \sqrt{l_1^2 + l_2^2}\, r_0$. Legt man ferner die positiven Ladungen auf die Punkte $x = 2n \cdot r_0$ und die negativen auf die Punkte $x = (2n-1)r_0$, wobei $n = 0, \pm 1, \pm 2, \pm 3 \ldots$ gesetzt werden muß, so erhält man für die Abtrennarbeit ein positives Vorzeichen (Anziehung), wenn die Summe $l_1 + l_2$ eine ungerade Zahl ist und man erhält ein negatives Vorzeichen (Abstoßung), wenn $(l_1 + l_2)$ eine gerade Zahl ergibt.

Da alle weiteren Rechenelemente aus den $\Phi[R(r)]$ bzw. $V[R(r)]$-Größen zusammengesetzt werden können, wird eine Zahlentabelle (Tab. 6) [nach HONIGMANN, MOLIÈRE und STRANSKI (1947)] angegeben*).

Tabelle 6
Potential $V[R(r)]$ einer alternierenden Ionenkette mit dem Ionenabstand 1, berechnet für einen Aufpunkt, dessen senkrecht zur Kettenachse gemessene Entfernung von einer positiven Ladung $r = \sqrt{l_1^2 + l_2^2}$ beträgt.

$r = \sqrt{l_1^2 + l_2^2}$	$V[R(\sqrt{l_1^2 + l_2^2})] \cdot \dfrac{1}{e}$
1	0,118 165 0$_5$
$\sqrt{2}$	0,027 271 9
2	0,003 666 3
$\sqrt{5}$	0,001 654 7
$\sqrt{8}$	0,000 229 6
3	0,000 130 2
$\sqrt{10}$	0,000 076 2
$\sqrt{13}$	0,000 017 9
4	0,000 004 9
$\sqrt{17}$	0,000 003 3
$\sqrt{18}$	0,000 002 2
$\sqrt{20}$	0,000 001 0$_5$
5	0,000 000 2
$\sqrt{26}$	0,000 000 1$_5$

c) Abtrennarbeit eines Ions von einer (halben) Netzebene in der in Abb. 55c angegebenen Lage:

$$\Phi'' = -\frac{e^2}{r_0} \sum_{l_1=1}^{\infty} (-1)^{l_1} V[R(l_1 \cdot r_0)]; \quad r = l_1 \cdot r_0 \quad (l_1 = 1, 2, 3 \ldots) \\ = 0{,}11462 \frac{e^2}{r_0}. \tag{15}$$

---

*) Zur Berechnung wurden die benötigten Zahlenwerte der HANKELschen Zylinderfunktion $K_0(\pi x) = \dfrac{i\pi}{2} H_0^{(1)}(ix)$ aus der Reihenentwicklung bestimmt. Die angegebenen Zahlenwerte (auch die folgenden) unterscheiden sich daher geringfügig von den von MADELUNG, STRANSKI und KOSSEL angegebenen Werten, die durch lineare Interpolation der Tafelwerte [JAHNKE-EMDE (1909), S. 134] gewonnen worden sind.

d) Abtrennarbeit eines Ions von einer Netzebene in der in Abb. 55d angegebenen Lage:

$$\Phi[N(r_0)] = \frac{e^2}{r_0}\left\{V[R(r_0)] - 2\sum_{l_2=1}^{\infty}(-1)^{1+l_2}\cdot V[R(\sqrt{1+l_2^2}\, r_0)]\right\} \qquad (16)$$
$$= 0{,}06677\,\frac{e^2}{r_0}.$$

Für einen Abstand $r = l_1 \cdot r_0$ des abzutrennenden Ions von einer Netzebene folgt:

$$\Phi[N(l_1 r_0)] =$$
$$-\frac{e^2}{r_0}\left\{(-1)^{l_1}\cdot V[R(l_1 r_0)] + 2\sum_{l_1=2}^{\infty}(-1)^{l_1+l_2}\cdot V[R(\sqrt{l_1^2+l_2^2}\, r_0)]\right\}. \qquad (17)$$

e) Abtrennarbeit eines Ions von einem Gitterblock (Abb. 55e):

$$\Phi''' = -\frac{e^2}{r_0}\sum_{l_1=1}^{\infty}\sum_{l_2=-\infty}^{\infty}(-1)^{l_1+l_2}\,V[R(\sqrt{l_1^2+l_2^2}\, r_0)] = 0{,}06601\,\frac{e^2}{r_0}. \qquad (18)$$

Zur Berechnung der BORNschen Abstoßung reicht es aus, wenn nur die nächsten Gitternachbarn berücksichtigt werden. Hat ein Ion n_1-Nachbarn im Abstand r_0, n_2 im Abstand $r_0\sqrt{2}$ und n_3 im Abstand $r_0\sqrt{3}$, so wird nach STRANSKI [(1932) S. 132] annähernd:

$$\varphi^b = -\frac{e^2}{r_0}(n_1 \cdot 0{,}0295 + n_2 \cdot 0{,}0013 + n_3 \cdot 0{,}0002). \qquad (19)$$

Wie aus den Zahlenbeispielen (Tab. 7) zu ersehen ist, werden durch diesen Term die Absolutwerte der Abtrennarbeiten etwas geringer als die rein elektrostatischen Anteile, ihre Reihenfolge wird jedoch in der Regel nicht geändert.

Handelt es sich um prinzipielle Betrachtungen, so dürfte es genügen, lediglich den elektrostatischen Anteil der Abtrennarbeit zu berücksichtigen, vor allem dann, wenn Gitter- und Ionendeformationen [vgl. RATHJE, STRANSKI, MOLIÈRE (1949)] von vornherein vernachlässigt werden.

Da sich die Überlegungen auf einen Kristall beziehen, der von seinem eigenen verdünnten Dampf umgeben ist, muß man berücksichtigen, daß der Dampf fast nur aus zweiionigen Molekülen besteht. Auch die Abtrennarbeiten der Moleküle können z. Zt. nur näherungsweise bestimmt werden. Die Abtrennarbeiten der Moleküle werden daher [nach STRANSKI (1932)] unter der Annahme berechnet, daß der Ionenabstand in den Molekülen der Gasphase identisch mit dem Abstand zweier benachbarter Ionen im Gitter (r_0) ist.

Die zur Bestimmung der Gleichgewichtsform notwendigen Größen 101

Zahlenbeispiele sind in Tab. 7 zusammengestellt. Die einzelnen Lagen sind in Abb. 56 dargestellt.

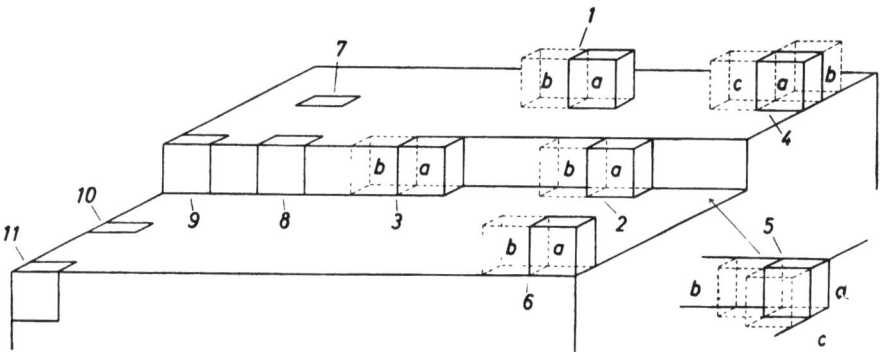

Abb. 56. Bausteinlagen an der Kristalloberfläche für Kristalle mit einfach kubischem bzw. NaCl-Gitter (vgl. Erläuterung unter Abb. 54).

Zur Berechnung der Abtrennarbeit eines Moleküls aus der Halbkristalllage (3) trennt man nacheinander zwei Ionen (3a, dann 3b) ab. Die dafür notwendige Abtrennarbeit beträgt:

$$2\varphi^{(\mathrm{I})}{}_{(3)} = 1{,}7476\,\frac{e^2}{r_0} \quad \text{bzw.} \quad 2\varphi^{(\mathrm{I})*}{}_{(3)} = 1{,}5534\,\frac{e^2}{r_0}.$$

Bei der Vereinigung beider Ionen in der Dampfphase wird Energie frei. Wird nur der elektrostatische Anteil berücksichtigt, hat die frei werdende Energie den Wert $-1\,\frac{e^2}{r_0}$, bei Berücksichtigung auch der BORNschen Abstoßung dagegen $-0{,}9705\,\frac{e^2}{r_0}$.

Man erhält also für die Abtrennarbeit eines Moleküls aus der Halbkristalllage:

$$\varphi^{M}{}_{(3)} = (2\varphi^{(\mathrm{I})}{}_{(3)} - 1)\,\frac{e^2}{r_0} = 0{,}7476\,\frac{e^2}{r_0} \quad \text{bzw.}$$

$$\varphi^{M*}{}_{(3)} = (2\varphi^{(\mathrm{I})*}{}_{(3)} - 0{,}9705)\,\frac{e^2}{r_0} = 0{,}5829\,\frac{e^2}{r_0}.$$

Bei der Berechnung der Abtrennarbeit von Molekülen in allgemeinen Lagen geht man zweckmäßig so vor, daß man für beide Ionen die Abtrennarbeit vom Gitter ohne Berücksichtigung der Bindungsenergie zwischen den beiden Ionen bestimmt. Die Abtrennarbeit des Moleküls ist dann einfach gleich der Summe beider Werte (vergl. Lagen 1, 2 und 4 bis 6).

Theorie

Tabelle 7

1 Ionen-lagen am ∞ großen Kristall	2						3 $n_1 n_2 n_3$	4 $-\varphi^b$(I)	5 φ(I)	6 φ(I)*	7 φ(M)	8 φ(M)*
	Φ'	Φ''	Φ'''	$\Phi[N(r_0)]$	$\Phi[R(r_0)]$	$\Phi(r_0)$						
1a (1b)			1				1 4 4	0,036	0,066	0,030	0,132	0,060
2a (2b)		1	1				2 6 4	0,068	0,181	0,113	0,362	0,226
3a	1	1	1				3 6 4	0,097	0,874	0,777	0,748	0,583
4a (4b)		½	½				1 3 2	0,034	0,090	0,056	0,180 (a b)	0,112
4c		½	½	½	–½		1 4 4	0,036	0,065	0,029	0,155 (a c)	0,085
5a	½	1	½				2 4 2	0,065	0,494	0,429		
(5b)	½	1	½	½	–½		2 6 4	0,068	0,028	–0,04	0,522 (a b)	0,389
(5c)	½	1	½	–½	–½		1 3 2	0,034	–0,065	–0,099	0,429 (a c)	0,330
6a	¼	½	¼				1 2 1	0,032	0,247	0,215		
(6b)	¼	½	¼	¼	–¼		1 3 2	0,034	0,014	–0,020	0,261 (a b)	0,195
7	2	2	1				5 8 4	0,159	1,682	1,523		
8	2	1	1				4 6 4	0,127	1,567	1,440		
9	3/2	1	½				3 4 2	0,094	1,187	1,093		
10	2	3/2	½				4 5 2	0,125	1,591	1,466		
11	7/4	1	¼				3 3 1	0,093	1,344	1,251		

Anmerkungen zu Tab. 7. Spalte 1: Vgl. Abb. 56. – Spalte 2: Erklärungen im Text. – Spalte 3: Anzahl der erst-, zweit- und drittnächsten Gitternachbarn. – Spalte 4: BORNsche Abstoßungsenergie. – Spalten 5–8: φ Abtrennarbeit (elektrostatischer Anteil), (I) Ion, (M) Molekül, * = BORNsche Abstoßungsenergie ist mit berücksichtigt worden.

Beim KOSSEL-Kristall und allen übrigen bisher theoretisch bearbeiteten Kristallmodellen mit nichtpolarer Bindung (vgl. Kap. I) wird vorausgesetzt, daß die Bindungskräfte zwischen zwei Bausteinen sehr schnell mit der Entfernung abklingen und daß sich die Bindungskräfte, die auf einen Baustein von seinen Nachbarn ausgeübt werden, näherungsweise additiv überlagern. Kraftgesetze für die speziellen Stoffgruppen sind nicht genau bekannt. Nach allen bisherigen Erfahrungen nimmt die Bindungskraft etwa mit der 7. Potenz und damit die Bindungsenergie etwa mit der 6. Potenz der Entfernung oder noch schneller ab ($\varphi = \text{const}/r^6$).

Die Bindungsenergie wird nach KOSSEL durch Abzählen der Nachbarn verschiedener Grade abgeschätzt: man erhält für einen Baustein am ν-Gitterplatz das KOSSEL-Schema $(n_1/n_2/n_3)_\nu$, darin bedeuten n_1, n_2, n_3 usw. die Anzahl der erst-, zweit- bzw. drittnächsten Gitternachbarn.

Nach STRANSKI ist dann die Abtrennarbeit:

$$\varphi_\nu = n_1\varphi_1 + n_2\varphi_2 + n_3\varphi_3.$$

Darin bedeuten φ_1, φ_2 und φ_3 die Bindungsenergien zwischen erst-, zweit- und drittnächsten Nachbarn, deren Abstände als r_1, r_2 und r_3 bezeichnet werden. Wählt man als Einheit der Energie die Bindungsenergie zwischen erstnächsten Nachbarn (φ_1), so folgt

$$\varphi = (n_1 + n_2\alpha + n_3\beta)\varphi_1\,;\quad \alpha = \frac{\varphi_2}{\varphi_1}\,;\quad \beta = \frac{\varphi_3}{\varphi_1}. \tag{20}$$

Wenn man annimmt, daß $\varphi = \text{const}/r^6$, so folgt

$$\alpha = \frac{r_1^6}{r_2^6}\,;\quad \beta = \frac{r_1^6}{r_3^6}. \tag{21}$$

Den Absolutwert der Größe φ_1 kann man dann aus der Beziehung $\varphi_{1/2} \approx \Lambda/N_L$ näherungsweise berechnen (vergl. S. 93).

Es bleibt zunächst offen, wieviel der verschiedenen Nachbararten (erst-, zweit-, drittnächste usw.) man berücksichtigen muß. Erst der Vergleich mit dem Experiment gibt Auskunft darüber, welcher Ansatz die Beobachtungen richtig wiedergibt. Für die bisher berechneten Gitter ergab sich, daß in der Regel nur φ_1 und φ_2 und in Ausnahmefällen noch φ_3 zu berücksichtigen sind.

Allgemein liefert die Theorie in ihrer jetzigen Form nur dann mit dem Experiment vergleichbare Resultate, wenn man folgende Annahmen für die Abhängigkeit der Bindungsenergie von der Entfernung trifft [vgl. STRANSKI (1939)]:

$$\varphi(r) = \text{const}/r^6 \quad \text{für} \quad r_1 \leq r \leq r_n \quad n = 2 \text{ oder } 3$$
$$\varphi(r) = 0 \quad \text{für} \quad r > r_n.$$

Das bedeutet, daß der Ansatz für die Bindungsenergie der Bausteine im Gitter vermutlich wie folgt zu formulieren ist:

$$\varphi(r) = [-B(r) + A(r)] \cdot Z(r).$$

Die Bindungsenergie setzt sich zusammen aus einem positiven Term $A(r)$ [Anziehung] und einem negativen $-B(r)$ [Abstoßung]. Im Bereich $r_1 \leq r \leq r_n$ ist näherungsweise $-B(r) + A(r) \approx \dfrac{\text{const}}{r^6}$. Für $r < r_1$ wird

$|B(r)| \gg |A(r)|$. Der Faktor $Z(r)$ [Abschirmfaktor] ist näherungsweise eins für $r \leq r_n$ und nimmt bei Werten $r > r_n$ in stärkerem Maße als $\frac{1}{r^6}$ auf Null ab.

Da beim Vorliegen nichtpolarer Bindung bei der Bestimmung der Abtrennarbeit jeweils nur wenige Gitternachbarn des abzutrennenden Bausteins zu berücksichtigen sind, erübrigt sich die Aufteilung in Gitterelemente, wie sie für das NaCl-Gitter notwendig war. Ein einfaches Auszählen der erst-, zweit- und drittnächsten Nachbarn genügt. Das für die Berechnung der BORNschen Abstoßung beim NaCl benötigte Zahlenschema $n_1/n_2/n_3$ (Tab. 7) ist mit dem KOSSEL-Schema für den einfach kubischen Kristall (KOSSEL-Kristall) identisch. Beispiele:

Abtrennarbeit aus der Halbkristall-Lage [Lage (3), Abb. 56]:

$$\varphi_{1/2} = 3/6/4 \quad \text{bzw.} \quad \varphi_{1/2} = 3\varphi_1 + 6\varphi_2 + 4\varphi_3.$$

Abtrennarbeit eines Bausteins auf einer 001-Fläche eines kubischen Kristalls [Lage (1)]:

$$\varphi_{(1)} = 1/4/4 \quad \text{bzw.} \quad \varphi_{(1)} = 1\varphi_1 + 4\varphi_2 + 4\varphi_3.$$

Abtrennarbeit eines Eckbausteins vom Würfel:

$$\varphi_{(11)} = 3/3/1 \quad \text{bzw.} \quad \varphi_{(11)} = 3\varphi_1 + 3\varphi_2 + 1\varphi_3.$$

b) Die mittleren Abtrennarbeiten

Für einen würfelförmigen Kristall mit einfach kubischem Gitter und nichtpolarer Bindung ($\varphi_1 > 0$; $\varphi_2 = 0$) sollen im folgenden die Größen $\overline{\varphi}_h$ und $\overline{\varphi}_{h'}$ berechnet werden.

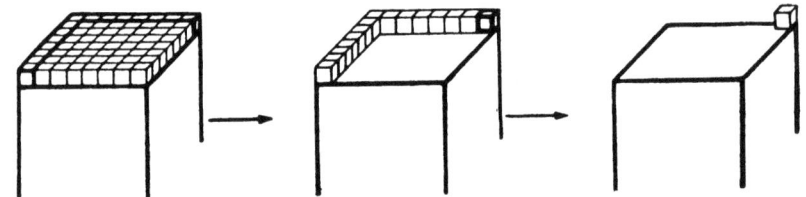

Abb. 57. Zur Bestimmung der mittleren Abtrennarbeit $\overline{\varphi}_h$ pro Baustein einer Oberflächennetzebene eines würfelförmigen Kristalls mit einfach kubischem Gitter. (Nach STRANSKI und KAISCHEW.)

In Abb. 57 sind der Kristall und die Netzebene, für die die mittlere Abtrennarbeit berechnet werden soll, dargestellt. Die Kantenlänge des Kristalls

Die zur Bestimmung der Gleichgewichtsform notwendigen Größen 105

sei $a = n \cdot d = \sqrt[3]{V}$ und die Zentraldistanz $h = a/2$ (n ist die Zahl der Bausteine in der Kante, d die Gitterkonstante und V das Kristallvolumen). Die Abtrennung der Oberfläche wird zur besseren Übersicht in drei Schritten durchgeführt: zunächst werden alle Bausteine bis auf zwei Kantenreihen abgetrennt. Dabei ist für jeden einzelnen die Arbeit $3\varphi_1 = \varphi_{1/2}$ und insgesamt die Arbeit $(n-1)^2 3\varphi_1$ zu leisten. Dann werden die Bausteine der Kantenreihen bis auf den letzten Eckbaustein abgetrennt. Jeder einzelne Baustein erfordert die Abtrennarbeit $2\varphi_1$ und insgesamt $2(n-1) \cdot 2\varphi_1$. Die Abtrennarbeit des letzten Bausteins beträgt φ_1. Mit diesen Werten wird $\overline{\varphi}_h$ berechnet:

$$\overline{\varphi}_h \equiv \overline{\varphi}_a = \frac{(n-1)^2 \cdot 3\varphi_1 + 2(n-1) \cdot 2\varphi_1 + \varphi_1}{n^2}$$
$$= 3\varphi_1 - \frac{2\varphi_1}{n} = \varphi_{1/2} - \frac{2\varphi_1 \cdot d}{a} = \varphi_{1/2} - \frac{\varphi_1 \cdot d}{h}. \quad (22)$$

Bezeichnet man die Randlänge einer quadratischen Netzebeneninsel auf einer Würfelfläche mit $a' = n' \cdot d$ (n' = Anzahl der Bausteine im Keimrand, d = Gitterkonstante), und ihre Zentraldistanz mit $h' = a'/2$, so ist, wie ein Blick auf Abb. 58 erkennen läßt:

$$\overline{\varphi}_{h'} \equiv \overline{\varphi}_{a'} = \frac{(n'-1) 3\varphi_1 + 2\varphi_1}{n'} = 3\varphi_1 - \frac{\varphi_1}{n'} = \varphi_{1/2} - \frac{\varphi_1 \cdot d}{a'} = \varphi_{1/2} - \frac{\varphi_1 \cdot d}{2h'}. \quad (23)$$

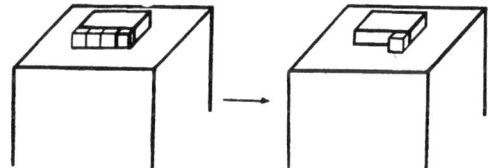

Abb. 58. Zur Bestimmung der mittleren Abtrennarbeit $\overline{\varphi}_{h'}$ pro Baustein einer Randreihe einer quadratischen Netzebeneninsel (zweidimensionaler Keim) auf der Würfelfläche eines Kristalls mit einfach kubischem Gitter. (Nach STRANSKI und KAISCHEW.)

Zur Berechnung der mittleren Abtrennarbeit ($\overline{\overline{\varphi}}_h \equiv \overline{\overline{\varphi}}_a$) *kleinster würfelförmiger* NaCl-*Kristalle* können die Abtrennarbeiten der einzelnen Ionen durch direkte Summation gewonnen werden.

Wird die mittlere Abtrennarbeit nur für eine Oberflächennetzebene des NaCl-Kristalls mit der Kantenlänge $a = n \cdot r_0$ ($r_0 = d/2$) definiert, so bedeutet das, daß die Ablösung einer Netzebene ebenso wahrscheinlich ist wie die Wiederausbildung der vorher abgelösten Netzebene. Im Gleichgewicht muß jedoch die Wahrscheinlichkeit der Ablösung einer Netzebene gleich der Wahrscheinlichkeit der Bildung einer neuen Netzebene sein. Bezeichnet man die mittlere Abtrennarbeit einer eigenen (zur Oberfläche des vollständigen Kristalls gehörigen) Netzebene mit $\bar{\varphi}_a{}^{(e)}$ und die mittlere Abtrennarbeit einer aufgewachsenen Netzebene mit $\bar{\varphi}_a{}^{(o)}$, so ist $\bar{\varphi}_a{}^{(o)} \neq \bar{\varphi}_a{}^{(e)}$. Die den Dampfdruck bestimmende mittlere Abtrennarbeit ist dann der Mittelwert aus beiden Größen:

$$\bar{\bar{\varphi}}_a = \frac{1}{2} \left(\bar{\varphi}_a{}^{(e)} + \bar{\varphi}_a{}^{(o)} \right). \tag{24}$$

Die Zahlenwerte, die sich bei ausschließlicher Berücksichtigung der elektrostatischen Wechselwirkung ergeben, sind in Tab. 8 angegeben. [Nach HONIGMANN, MOLIÈRE und STRANSKI (1947).]

Tabelle 8

$a \cdot \dfrac{1}{r_0}$	$\bar{\varphi}_a{}^{(e)} \cdot \dfrac{r_0}{e^2}$	$\bar{\varphi}_a{}^{(o)} \cdot \dfrac{r_0}{e^2}$	$\bar{\bar{\varphi}}_a \cdot \dfrac{r_0}{e^2}$
2	0,8096	0,7957	0,8026
3	0,80955	0,8385	0,8238
4	0,8389	0,8382	0,8386
5	0,8427	0,8487	0,8457
6	0,8509	0,8507	0,8508
∞	0,8738	0,8738	0,8738

c) *Die freie spezifische Oberflächenenergie σ.*

Am Modell des idealen NaCl-Gitters wurden spezifische Oberflächenenergien für den unendlich ausgedehnten Kristall erstmalig von BORN und STERN (1919) berechnet. STRANSKI (1936) hat die spezifische Oberflächenenergie für kleine, endliche Kristalle definiert. Entsprechende Rechnungen ergeben [vgl. HONIGMANN, MOLIÈRE und STRANSKI (1947)], daß die spezifische Oberflächenenergie praktisch unabhängig von der Kristallgröße ist. Abweichungen treten erst bei extrem kleinen Kriställchen (Kantenlänge kleiner als einige Gitterkonstanten) in Erscheinung[*].

Zur Berechnung von σ wird auf der Fläche hkl eine parallel-epipedische Säule errichtet und abgetrennt. Die notwendige Abtrennenergie Ψ_{hkl} wird durch den doppelten Wert der Auflagefläche F_{hkl} der Säule geteilt:

$$\sigma_{hkl} = \frac{\Psi_{hkl}}{2 F_{hkl}}. \tag{25}$$

Der Querschnitt und die Neigung der Säule können beliebig gewählt werden. Bei einfachen Gittern kann sie auf eine Bausteinkette erstnächster

---

[*] Weitere Hinweise, Definitionen und Angaben über experimentelle Bestimmungen findet man in einem Buch von K. L. WOLF (1957); vergl. auch EUCKEN, Lehrbuch der chemischen Physik Bd. II, 2.

Die zur Bestimmung der Gleichgewichtsform notwendigen Größen 107

Nachbarn reduziert werden. In Abb. 59 sind drei Beispiele aufgezeichnet. Betrachtet man die gezeichneten Gitterpunkte als Ionen mit alternierenden Ladungsvorzeichen, so handelt es sich um das NaCl-Gitter; werden die

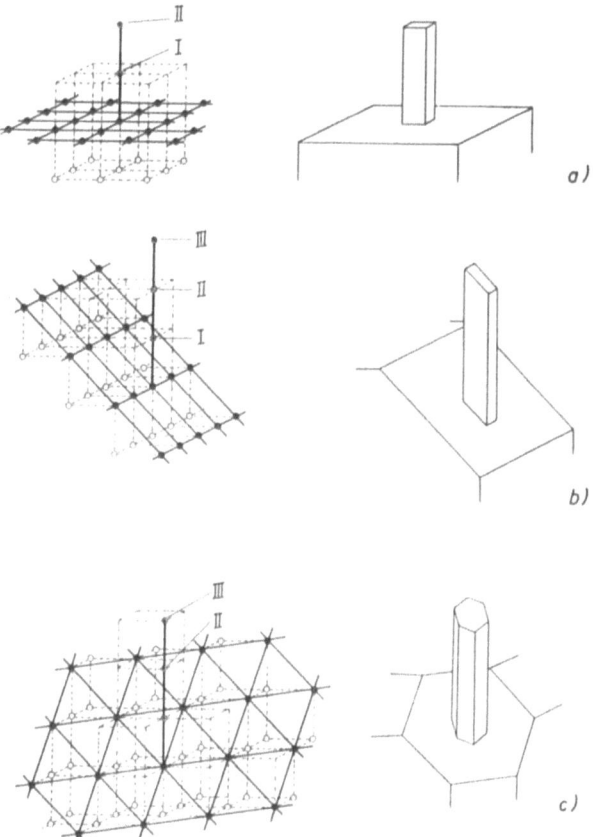

Abb. 59. Zur Bestimmung der $_{hkl}\sigma$-Werte von 100 (a), 110 (b) und 111 (c) für Kristalle mit einfach kubischem bzw. NaCl-Gitter (vgl. Bemerkungen unter Abb. 54).

Gitterpunkte als neutrale Bausteine angesehen, so liegt ein einfach kubisches Gitter vor. Bezeichnet man die Abtrennarbeiten der einzelnen Gitterbausteine (in der abzutrennenden Säule) vom Kristallblock mit φ^I, φ^{II}, φ^{III} usw., so ist $\Psi = \varphi^I + \varphi^{II} + \varphi^{III}$. In allen Fällen (auch beim NaCl-Gitter) nimmt die Größe der Abtrennarbeit der Bausteine mit steigender Entfernung vom Kristallblock stark ab. Die Aufsitzfläche ergibt sich bei der hier gewählten Säulenform (Bausteinkette) als Flächenbedarf eines Gitterbausteins in der Fläche f_0. Es ist $_{100}f_0 = r_0^2$; $_{110}f_0 = \sqrt{2}\,r_0^2$ und $_{111}f_0 = \sqrt{3}\,r_0^2$; für das einfach kubische Gitter ist r_0 durch d zu ersetzen (vgl. Abb. 54).

Die Berechnungen werden am NaCl-Kristall lediglich unter Berücksichtigung der elektrostatischen Bindungskräfte durchgeführt.

Eine Betrachtung der 100-Fläche ergibt:

$$_{100}\Psi = {}_{100}\varphi^I + {}_{100}\varphi^{II} + {}_{100}\varphi^{III} + \ldots$$
$$_{100}\varphi^I = \Phi[N(r_0)] + \Phi[N(2r_0)] + \Phi[N(3r_0)] + \ldots$$
$$_{100}\varphi^{II} = \phantom{\Phi[N(r_0)] + {}}\Phi[N(2r_0)] + \Phi[N(3r_0)] + \ldots$$
$$_{100}\varphi^{III} = \phantom{\Phi[N(r_0)] + \Phi[N(2r_0)] + {}}\Phi[N(3r_0)] + \ldots$$

Daraus folgt:

$$_{100}\sigma = \frac{_{100}\Psi}{2r_0^2} = \frac{1}{2r_0^2}\sum_{l_1=1}^{\infty} l_1 \cdot \Phi[N(l_1 \cdot r_0)] = 0{,}0326\,\frac{e^2}{r_0^3}. \tag{26}$$

Unter Verwendung der Abkürzung $[\sqrt{l_1^2 + l_1^2}]$ für $e \cdot V[R(\sqrt{l_1^2 + l_2^2}\,r_0)]$ erhält man für die 110-Fläche folgende Werte:

$$\begin{aligned}
_{110}\varphi^I &= 2\,[1] - 1\,[\sqrt{2}] - 2\,[2] + 4\,[\sqrt{5}] - 1\,[\sqrt{8}] + 2\,[3] - 4\,[\sqrt{10}] \pm \ldots\\
_{110}\varphi^{II} &= - 1\,[\sqrt{2}] - 2\,[2] + 2\,[\sqrt{5}] - 1\,[\sqrt{8}] + 2\,[3] - 4\,[\sqrt{10}] \pm \ldots\\
_{110}\varphi^{III} &= \phantom{2\,[1] - 1\,[\sqrt{2}] - 2\,[2]\ } + 2\,[\sqrt{5}] - 1\,[\sqrt{8}] + 2\,[3] - 2\,[\sqrt{10}] \pm \ldots\\
_{110}\varphi^{IV} &= \phantom{2\,[1] - 1\,[\sqrt{2}] - 2\,[2] + 2\,[\sqrt{5}]\ } - 1\,[\sqrt{8}] \phantom{{}+ 2\,[3]} - 2\,[\sqrt{10}] \pm \ldots\\
\hline
_{110}\Psi &= 2\,[1] - 2\,[\sqrt{2}] - 4\,[2] + 8\,[\sqrt{5}] - 4\,[\sqrt{8}] + 6\,[3] - 12\,[\sqrt{10}] \pm \ldots
\end{aligned}$$

Daraus folgt:

$$_{110}\sigma = \frac{_{110}\Psi}{2\sqrt{2}\,r_0^2} = 0{,}0634\ldots\,\frac{e^2}{r_0^3}.$$

Für die 111-Fläche ergeben sich mathematische Schwierigkeiten [vgl. BORN und STERN (1919)]. Dies gilt für alle Flächen heteropolarer Gitter, deren vollständige Netzebenen Ionen gleicher Ladungen tragen [vgl. M. BORN und M. GÖPPERT-MAYER (1933), S. 764]. Nach STRANSKI sollte für den σ-Wert, den man sinngemäß in die GIBBS-WULFFsche Gleichung einsetzen muß, $+\infty$ herauskommen.

Eine Bestimmung der Ψ-Werte für den KOSSEL-*Kristall* wird unter der Annahme berechnet, daß $\varphi_1, \varphi_2 > 0$ und $\varphi_3 = 0$ $\left(\frac{\varphi_2}{\varphi_1} = \alpha = \frac{1}{8}\right)$. Man erhält:

$$\begin{aligned}
_{100}\Psi &= \varphi^I \phantom{{}+ \varphi^{II}} = \varphi_1 + 4\,\varphi_2 = (1 + 4\alpha)\,\varphi_1\\
_{110}\Psi &= \varphi^I + \varphi^{II} = 2\,\varphi_1 + 6\,\varphi_2 = (2 + 6\alpha)\,\varphi_1\\
_{111}\Psi &= \varphi^I + \varphi^{II} = 3\,\varphi_1 + 6\,\varphi_2 = (3 + 6\alpha)\,\varphi_1
\end{aligned}$$

Die sich daraus ergebenden σ-Werte sind nachfolgend zusammengestellt:

Fläche hkl	$_{hkl}\sigma \dfrac{d^2}{\varphi_1};\ \varphi_1 > 0\\ \varphi_2 = 0$	$_{hkl}\sigma \dfrac{d^2}{\varphi_1};\ \varphi_1, \varphi_2 > 0\\ \varphi_3 = 0$
100	$\dfrac{1}{2}$	$\dfrac{3}{4}$
110	$\dfrac{1}{\sqrt{2}}$	$\dfrac{11}{8\sqrt{2}}$
111	$\dfrac{\sqrt{3}}{2}$	$\dfrac{5\sqrt{3}}{8}$

In Tab. 9 sind die σ-Werte der G_I-, G_{II}- und G_{III}-Flächen einiger kubischer Gittertypen mit nichtpolarer Bindung zusammengestellt. Die Angaben gelten für den Fall, daß $\varphi_1, \varphi_2, \varphi_3 > 0$. Sind Bindungskräfte nur zwischen erst- und zweitnächsten Gitternachbarn ($\varphi_1, \varphi_2 > 0$) wirksam, so ist $\beta = 0$ und wenn nur $\varphi_1 > 0$, so sind sowohl β als auch α gleich Null zu setzen. Es sei daran erinnert, daß die G_I-Flächen die zur Gleichgewichtsform gehörenden Flächen sind, wenn die Bindungskräfte nur zwischen erstnächsten Nachbarn wirken ($\varphi_1 > 0$); hierzu kommen die G_{II}- bzw. G_{III}-Flächen, wenn die Bindungskräfte bis zu den zweitnächsten ($\varphi_2 > 0$) bzw. drittnächsten ($\varphi_3 > 0$) Nachbarn zu berücksichtigen sind. Ergeben sich in einer Gruppe mehrere Flächen, so kommt ein weiterer Index hinzu, z. B. G_{I_1} und G_{I_2}. Die Einordnung erfolgt nach steigenden σ-Werten. Man gewinnt die Einteilung der Flächen durch Anwendung der GIBBS-WULFFschen Methode und Einsetzen der hier angegebenen σ-Werte. Es versteht sich von selbst, daß die Anwendung der Methode von STRANSKI-KAISCHEW und der angegebenen Regeln (Abschn. VI 1b und VI 1c) zum gleichen Ergebnis führt (vgl. Abschnitt VI, 3 und VI, 5).

d) Die freie spezifische Randenergie ϱ

Die freie spezifische Randenergie wird bestimmt, indem man von einer Netzebene (hkl) längs einer vorgegebenen Richtung (i) ein parallelogrammförmiges Netzebenenstück abtrennt. Die Division der dafür notwendigen Trennenergie $_{hkl}\Psi_i$ durch die doppelte Länge des bei der Trennung neu entstandenen Randes L_i ergibt:

$$_{hkl}\varrho_i = {_{hkl}\Psi_i}/2L_i. \tag{27}$$

Für den einfach kubischen Kristall wurden einige Beispiele berechnet (vgl. Abb. 60), die in Tab. 10 zusammengestellt sind. Die auf einer Fläche

Tabelle 9
Spezifische Oberflächenenergien der G-Flächen einiger kubischer Gittertypen

Kubisch raumzentriert.Gitter*)			Kubisch flächenzentriertes Gitter			Diamantgitter**)		
hkl	$_{hkl}\sigma \cdot \dfrac{d^2}{\varphi_1}$	G-Flächen	hkl	$_{hkl}\sigma \cdot \dfrac{d^2}{\varphi_1}$	G-Flächen	hkl	$_{hkl}\sigma \cdot \dfrac{d^2}{\varphi_1}$	G-Flächen
110	$\sqrt{2}(1 + \alpha + 3\beta)$	G_I	111	$2\sqrt{3}(1 + \alpha + 4\beta)$	G_{I_1}	111	$\dfrac{2}{3}\sqrt{3}(1 + 6\alpha + 9\beta)$	G_I
100	$2 + \alpha + 4\beta$	G_{II}	100	$4 + 2\alpha + 16\beta$	G_{I_2}	100	$2 + 8\alpha + 10\beta$	G_{II}
211	$\sqrt{2/3} \cdot (2 + 2\alpha + 5\beta)$	G_{III_1}	110	$\sqrt{2}(3 + 2\alpha + 10\beta)$	G_{II}	110	$\sqrt{2}(1 + 6\alpha + 7\beta)$	G_{III_1}
111	$\sqrt{3}(1 + \alpha + 2\beta)$	G_{III_2}	311	$(1/\sqrt{11})(14 + 10\alpha + 48\beta)$	G_{III_1}	311	$\dfrac{2\sqrt{11}}{11}(3 + 14\alpha + 15\beta)$	G_{III_2}
			210	$(1/\sqrt{5})(10 + 6\alpha + 32\beta)$	G_{III_2}			
			531	$(1/\sqrt{35})(26 + 18\alpha + 84\beta)$	G_{III_3}			

$\alpha = \dfrac{27}{64} = 0{,}42$ $\alpha = \dfrac{1}{8} = 0{,}125$ $\alpha = \dfrac{27}{512} = 0{,}053$

$\beta = \dfrac{27}{512} = 0{,}053$ $\beta = \dfrac{1}{27} = 0{,}037$ $\beta = \dfrac{27}{1331} = 0{,}020$

*) STRANSKI und SUHRMANN (1943)   **) Berechnet von H. HEYER.

Die zur Bestimmung der Gleichgewichtsform notwendigen Größen 111

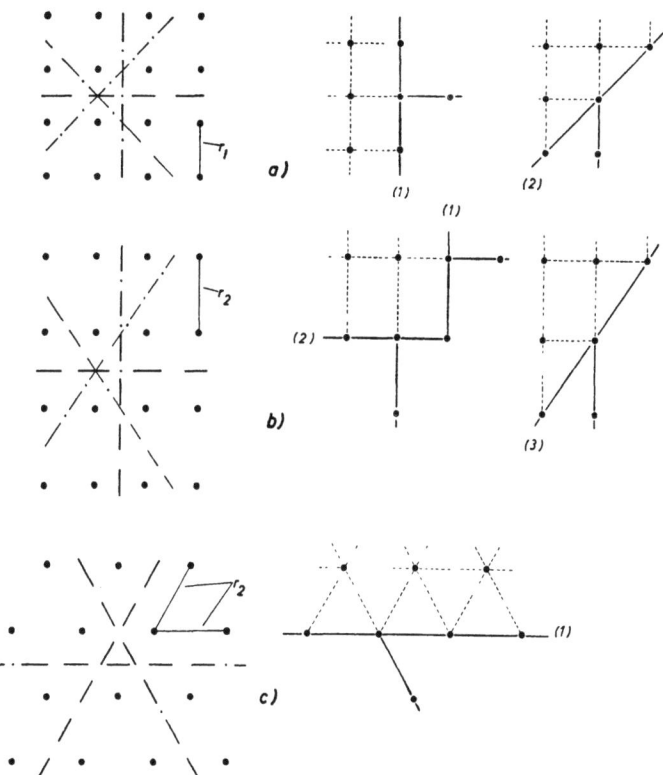

Abb. 60. Zur Bestimmung der $_{hkl}\varrho_i$-Werte auf 100 (a), 110 (b) und 111 (c) für Kristalle mit einfach kubischem Gitter.

Tabelle 10
Freie spezifische Randenergien für das einfach kubische Gitter ($\varphi_1, \varphi_2 > 0$)

Fläche	Rand (i)	$L_i \cdot \dfrac{1}{d}$	$_{hkl}\Psi_i$	$_{hkl}\varrho_i \dfrac{d}{\varphi_1}$
100	(1)	1	$\varphi_1 + 2\varphi_2$	$½ + \alpha$
	(2)	$\sqrt{2}$	$2\varphi_1 + \varphi_2$	$\sqrt{2}/4\,(2+\alpha)$
110	(1)	$\sqrt{2}$	φ_1	$\sqrt{2}/4$
	(2)	1	φ_2	$\alpha/2$
	(3)	$\sqrt{3}$	$\varphi_1 + \varphi_2$	$\sqrt{3}/6\,(1+\alpha)$
111	(1)	$\sqrt{2}$	$2\varphi_2$	$\alpha/\sqrt{2}$

energetisch gleichwertigen Randrichtungen sind hier zur Vereinfachung mit arabischen Ziffern bezeichnet. Ausführliche Rechenbeispiele für das NaCl-Gitter findet man in Arbeiten von BRANDES (1927) und BRANDES und VOLMER (1931).

3. Rechenbeispiele für die Methoden und Regeln zur Bestimmung der Gleichgewichtsform

Die im Abschn. VI, 1 aufgeführten Methoden und Regeln werden auf das einfach kubische Gitter mit nichtpolarer Bindung (KOSSEL-Kristall) angewendet, und zwar einmal unter der Annahme, daß die Bindungskräfte nur zwischen erstnächsten Gitternachbarn wirken und zum Zweiten unter der Annahme, daß zusätzlich die Bindungsanteile zweitnächster Gitternachbarn zu berücksichtigen sind.

a) Die Gleichgewichtsform des KOSSEL-Kristalls bei ausschließlicher Berücksichtigung der Bindung zwischen erstnächsten Nachbarn ($\varphi_1 > 0$)

Zur Bestimmung der Gleichgewichtsform nach der Methode von GIBBS-WULFF werden die σ-Werte einiger niedrig indizierter Flächen benötigt:

$$\sigma_{100} = \frac{1}{2} \cdot \left(\frac{\varphi_1}{d^2}\right); \quad \sigma_{110} = \frac{\sqrt{2}}{2}\left(\frac{\varphi_1}{d^2}\right); \quad \sigma_{111} = \frac{\sqrt{3}}{2}\left(\frac{\varphi_1}{d^2}\right).$$

Setzt man $h_{100} = \frac{a}{2}$, so ist nach dem WULFFschen Satz:

$$\frac{\sigma_{110}}{h_{110}} = \frac{\sigma_{111}}{h_{111}} = \frac{1}{a}\left(\frac{\varphi_1}{d^2}\right).$$

Daraus folgt:

$$h_{110} = \frac{\sqrt{2}}{2} a \quad \text{und} \quad h_{111} = \frac{\sqrt{3}}{2} a.$$

Eine geometrische Überlegung zeigt, daß die Gleichgewichtsform in diesem Fall nur von Würfelflächen begrenzt ist. 011-Flächen würden auftreten, wenn $h_{110} < \frac{\sqrt{2}}{2} a$, und 111-Flächen würden erscheinen, wenn $h_{111} < \frac{\sqrt{3}}{2} a$ (vgl. Abb. 61). Der Zusammenhang zwischen dem Sättigungsdruck $p_h = p_a$ und der Kristallgröße, ausgedrückt durch die Kantenlänge des Würfels (a) bzw. die Zentraldistanz (h), folgt aus Gleichung (3):

$$kT \ln \frac{p_h}{p_\infty} = \frac{2\sigma}{h_{100}} \cdot v_0 = \frac{2\varphi_1 d^3}{h_{100} \cdot 2d^2} = \frac{\varphi_1 d}{h_{100}} = \frac{2\varphi_1 d}{a}.$$

Rechenbeispiele für die Methoden zur Bestimmung der Gleichgewichtsform 113

Zum gleichen Resultat gelangt man bei Anwendung der Methode von STRANSKI und KAISCHEW. Betrachtet man eine Reihe einfacher Formen (Würfel, Oktaeder, Rhombendodekaeder usw.), so stellt man fest, daß nur

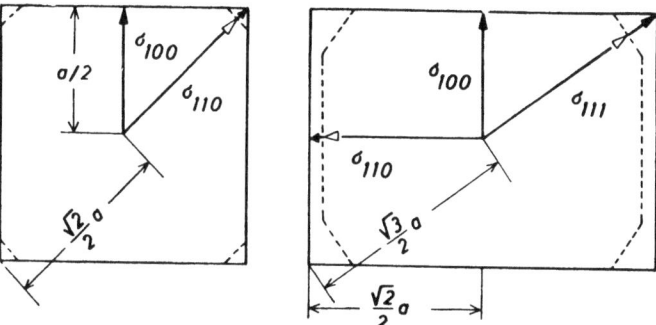

Abb. 61. WULFFsche Konstruktion der Gleichgewichtsform eines Kristalls mit einfach kubischem Gitter und nichtpolarer Bindung mit der Annahme, daß die Bindungskräfte nur zwischen erstnächsten Gitternachbarn (ausgezogene Linie) bzw. zwischen erst- und zweitnächsten Gitternachbarn (gestrichelte Linie) wirken.

am Würfel (vgl. Abb. 62) die Eckbausteine ebenso fest wie in der Halbkristall-Lage gebunden sind ($3\varphi_1 = \varphi_{1/2}$). Der Zusammenhang zwischen Dampfdruck und Kristallgröße wird durch Gleichung (4) beschrieben:

$$kT \ln \frac{p_h}{p_\infty} = \varphi_{1/2} - \bar{\varphi}_h = \frac{2\varphi_1}{n} = \frac{2\varphi_1 d}{a}.$$

Die Bestimmung der G-Flächen mit Hilfe der spezifischen Randenergien kann man an Hand der Tab. 10 und der Abb. 60 vornehmen: nur auf 100 ist allen Randrichtungen ein positiver Wert der spezifischen Randenergie (ϱ) zugeordnet. Auf der 111-Fläche sind die ϱ-Werte für alle Randrichtungen gleich Null und auf 110 gilt dies nur für eine Richtung: $_{110}\varrho_{(2)} = 0$. Ferner ist aus Abb. 60 zu entnehmen, wieviel Ketten erstnächster Nachbarn in den Flächen liegen. In der 100-Fläche findet man zwei, in 110 eine und in 111 keine.

Daraus folgt, daß $\{001\}G$-Flächen, $\{011\}A$1-Flächen und $\{111\}A$0-Flächen sind. Wie man leicht überlegen kann, sind alle Flächen der Zonen [100], [010] und [001] (außer den Flächen $\{001\}$) A1-Flächen. Alle übrigen glatten Flächen sind A0-Flächen. Das gleiche Ergebnis erhält man schließlich aus der Differenz $\varphi_{1/2} - \varphi_{ad}$:

$$\varphi_{1/2} - {}_{100}\varphi_{ad} = 3\varphi_1 - \varphi_1 = 2\varphi_1$$
$$\varphi_{1/2} - {}_{110}\varphi_{ad} = 3\varphi_1 - 2\varphi_1 = 1\varphi_1$$
$$\varphi_{1/2} - {}_{111}\varphi_{ad} = 3\varphi_1 - 3\varphi_1 = 0.$$

Im Gleichgewicht ist die Würfelfläche glatt und eventuell noch von zweidimensionalen Keimen bedeckt.

Die Form des zweidimensionalen Keims auf 001 ist ein Quadrat. Dies erkennt man daran, daß die vier Eckbausteine (Abb. 58) mit 3 φ_1 gebunden sind. Der Keimrand wird gebildet durch Ketten, in denen der Abstand von Baustein zu Baustein $r_1 = d$ beträgt.

Die Kantenlänge (a') des zweidimensionalen Keims kann aus der Bedingung $\overline{\varphi}_h = \overline{\varphi}_{h'}$ berechnet werden:

$$\frac{2\varphi_1}{a}d = \frac{\varphi_1}{a'}d \quad \text{also ist} \quad a' = \frac{a}{2}.$$

Für jede Randreihe einer Netzebeneninsel auf 001, deren Kantenlänge größer als a' ist, ist der gegebene Gleichgewichtsdruck übersättigt ($p_h > p_{h'}$), d. h. die Netzebeneninsel wird tangential auswachsen. Sind die Randlängen geringer als a', so ist der Dampfdruck einer solchen Netzebeneninsel größer als der Sättigungsdruck ($p_{h'} > p_h$). Das führt zu einer Ablösung der Netzebeneninsel. Nur für den zweidimensionalen Keim sind wieder die Wahrscheinlichkeiten für Abtrennung und Anlagerung einer Randreihe gleich groß ($p_h = p_{h'}$; $a' = a/2$).

Setzt man voraus, daß $2\varphi_1 < \overline{\varphi}_h < 3\varphi_1 = \varphi_{1/2}$ und betrachtet man ein Kriställchen, das außer von 001-Flächen noch von „künstlich" erzeugten glatten 111-Flächen begrenzt ist, so ist die 111-Fläche unabhängig von ihrer Größe instabil. Unter Energiegewinn ($3\varphi_1 - \overline{\varphi}_h$) werden einzelne Bausteine in statistischer Verteilung angelagert. Dies führt zu einem vergröberten Wachstum, bis die Fläche in einen Eckbaustein am Würfel entartet ist.

Auch künstlich erzeugte 110-Flächen sind instabil. Die 110-Fläche besteht aus „Stufen", die energetisch mit den Rändern einer Netzebeneninsel auf 100 gleichwertig sind. Für jede Randreihe einer Stufe ist deren mittlere Abtrennarbeit größer als die mittlere Abtrennarbeit einer Randreihe des zweidimensionalen Keims auf 001 ($\overline{\varphi}_{a'}$). Unter Energiegewinn können in statistischer Verteilung einzelne Bausteinketten angelagert werden. Dieser Vorgang führt ebenfalls zu einem vergröberten Wachstum der Fläche und ist beendet, wenn die Fläche in eine Würfelkante entartet ist (vergl. Abschnitt VI, 4a).

b) Die Gleichgewichtsform des KOSSEL-*Kristalls bei Berücksichtigung der Bindungsenergie zwischen erst- und zweitnächsten Nachbarn (φ_1 und $\varphi_2 > 0$).*

Zweckmäßigerweise bestimmt man die Tracht der Gleichgewichtsform nach der Methode von STRANSKI und KAISCHEW. Nach Kenntnis aller G-

Flächen können dann nach dem WULFFschen Satz deren Zentraldistanzen bzw. auch deren Flächengrößen an der Gleichgewichtsform bestimmt werden.

Geht man wieder von einem Würfel aus (Abb. 62) und setzt zunächst voraus, daß p_h nur wenig größer p_∞ ist (oder anders ausgedrückt, daß $\overline{\varphi}_h = \varphi_{1/2} - \varepsilon_\varphi$ ist, wobei $\varepsilon_\varphi < \varphi_2$ sein soll) so erkennt man aus Abb. 62a, daß der Eckbaustein loser gebunden ist als in der Halbkristall-

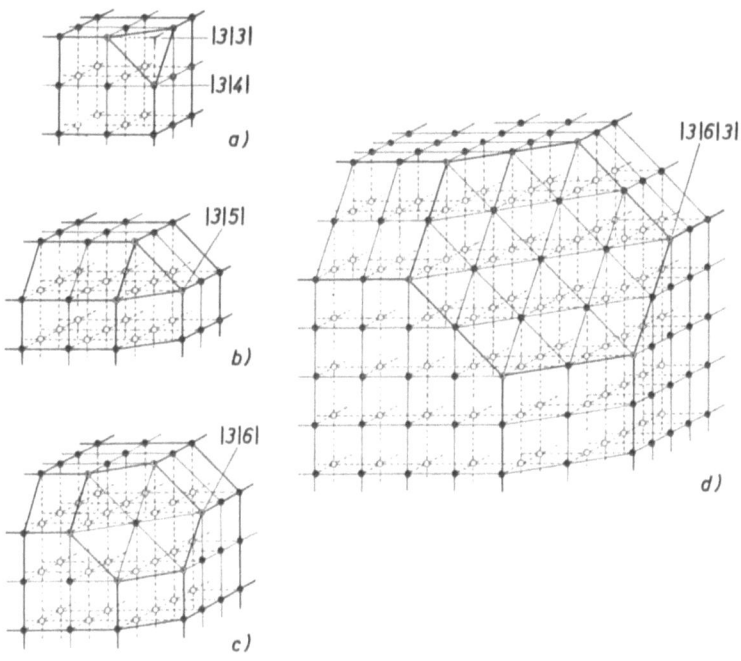

Abb. 62. Zur Ableitung der G-Flächen eines Kristalls mit einfach kubischem Gitter und nichtpolaren Bindungskräften ($\varphi_1, \varphi_2 > 0$) nach der Methode von STRANSKI und KAISCHEW.

Lage ($3\varphi_1 + 3\varphi_2$). Die nach seiner Abtrennung auftretenden neuen Eckbausteine sind ebenfalls instabil ($3\varphi_1 + 4\varphi_2$). Hat man diese entfernt, so sind alle Bausteine der drei Kantenreihen abzutragen ($3\varphi_1 + 5\varphi_2$). Dabei entsteht eine Form, in der neben den 100-Flächen auch bereits die Flächen 111 und 110 vorgebildet sind (Abb. 62b), die Eckbausteine sind jedoch immer noch instabil ($3\varphi_1 + 5\varphi_2$). Die weitere Abtrennung aller loser als $\varphi_{1/2} = 3\varphi_1 + 6\varphi_2$ gebundenen Bausteine führt zur Form (c), in der jetzt alle Eckbausteine mit $\varphi_{1/2}$ gebunden sind. Man kennt jetzt die zur Gleichgewichtsform gehörenden Flächen (100 [G_I] und 111, 110 [G_{II}]), jedoch noch nicht ihre Zentraldistanzen bzw. Flächeninhalte. Trennt man von den 111- und 110-Flächen je eine Netzebene ab, so erhält man die Form (d). Die Eckbausteine sind wieder mit $\varphi_{1/2}$ gebunden. Betrachtet man jedoch die 111-Netzebene, so erkennt man, daß sich die mittleren Abtrennarbeiten in Form (c) und (d) erheblich unterscheiden.

Die Zentraldistanzen der Flächen kann man nach dem WULFFschen Satz wie folgt bestimmen: Setzt man für $h_{100} = a/2$ und berücksichtigt die früher berechneten σ-Werte für 100, 110 und 111, so ist

$$\frac{\sigma_{100}}{h_{100}} = \frac{3}{2a}\left(\frac{\varphi_1}{d^2}\right) = \frac{\sigma_{110}}{h_{110}} = \frac{\sigma_{111}}{h_{111}}.$$

Daraus folgt:

$$h_{110} = \frac{11 \cdot \sqrt{2}}{12 \cdot 2} a \quad \text{und} \quad h_{111} = \frac{5 \cdot \sqrt{3}}{6 \cdot 2} a.$$

Mit Hilfe dieser Zentraldistanzen kann man die bereits abgeleitete Tracht der Gleichgewichtsform bestätigen (vgl. Abb. 61) und das Größenverhältnis der G-Flächen 100, 110 und 111 berechnen. Der Sättigungsdruck

$$(p_h)_{100} = (p_h)_{110} = (p_h)_{111}$$

ist durch Einsetzen der Wertepaare σ_{hkl} und h_{hkl} in Gleichung (3) zu bestimmen.

Es sei noch erwähnt, daß bei Berücksichtigung der Bindungsenergien zwischen drittnächsten Nachbarn ($\varphi_1, \varphi_2, \varphi_3 > 0$) zusätzlich die Flächen 211 erscheinen (G_{III}-Fläche). Man erkennt das schon daran, daß die Eckbausteine in der Form (d) Abb. 62 loser als in der Halbkristall-Lage gebunden sind ($_{\text{Ecke}}\varphi = 3\varphi_1 + 6\varphi_2 + 3\varphi_3; \varphi_{1/2} = 3\varphi_1 + 6\varphi_2 + 4\varphi_3$).

Allgemein wird bei nichtpolaren Kristallen die Zahl der zur Gleichgewichtsform gehörenden Flächen mit zunehmender Reichweite der Bindungskräfte größer. Dagegen ist zu berücksichtigen, daß die Gleichgewichtsform bei gleichbleibender Reichweite mit zunehmendem Druck p_h (und damit kleiner werdendem $\overline{\varphi}_h$ und Volumen) einfacher, d. h. flächenärmer wird.

c) Die Gleichgewichtsform des kubisch raumzentrierten Gitters

Zur Bestimmung der Gleichgewichtsform des kubisch raumzentrierten Gitters geht man zweckmäßig von einem Rhombendodekaeder aus. Bezeichnet man die Abstände vom Mittelpunkt zu den Vierer- und Dreierecken mit s_{001} und s_{111}, zu den Kanten mit s_{211} und zu den 011-Flächen mit s_{011}, so folgt:

$$s_{011} = 1; \quad s_{001} = \sqrt{2}; \quad s_{111} = \frac{\sqrt{6}}{2}; \quad s_{211} = \frac{2\sqrt{3}}{3}.$$

Rechenbeispiele für die Methoden zur Bestimmung der Gleichgewichtsform 117

Um zu prüfen, ob die Ecken und Kanten des Rhombendodekaeders durch Flächen abgestumpft sind, werden die Zentraldistanzen h_{hkl} der Flächen 001, 111 und 211 nach dem WULFFschen Satz berechnet. Die benötigten σ-Werte sind in Tab. 9 aufgeführt. Die Kanten und Ecken sind dann durch Flächen abgestumpft, wenn $h_{hkl} < s_{hkl}$. Die Rechnungen werden mit drei verschiedenen Voraussetzungen über die Reichweite der Bindungskräfte durchgeführt; ferner wird festgesetzt: $h_{011} = s_{011} = 1$.

a) $\varphi_1 > 0$; $\varphi_2 = 0$; $\varphi_3 = 0$.

Der WULFFsche Satz lautet:
$$\frac{\sigma_{011}}{h_{011}} = \frac{\sqrt{2}}{1} \frac{\varphi_1}{d^2} = \frac{\sigma_{001}}{h_{001}} = \frac{\sigma_{211}}{h_{211}} = \frac{\sigma_{111}}{h_{111}}.$$

Daraus folgt:
$$h_{001} = \sqrt{2}; \quad h_{211} = \frac{2\sqrt{3}}{3}; \quad h_{111} = \frac{\sqrt{6}}{2};$$

Die Gleichgewichtsform ist ein Rhombendodekaeder, da $h_{hkl} = s_{hkl}$.

b) φ_1 und $\varphi_2 > 0$; $\varphi_3 = 0$.

Da $\frac{\sigma_{011}}{h_{011}} = \sqrt{2}\,(1+\alpha)\,\frac{\varphi_1}{d^2}$, folgt
$$h_{001} = \sqrt{2}\left(\frac{2+\alpha}{2+2\alpha}\right); \quad h_{211} = \frac{4}{\sqrt{3}}\frac{(1+\alpha)}{(2+2\alpha)} = \frac{2\sqrt{3}}{3};$$
$$h_{111} = \frac{\sqrt{3}}{\sqrt{2}}\frac{(1+\alpha)}{(1+\alpha)} = \frac{\sqrt{6}}{2}.$$

Ein Vergleich der h_{hkl}- mit den s_{hkl}-Werten ergibt:
$$h_{001} < s_{001}; \quad h_{211} = s_{211}; \quad h_{111} = s_{111}.$$

Die Gleichgewichtsform ist begrenzt von 011- und 001-Flächen.

c) $\varphi_1, \varphi_2, \varphi_3 > 0$; $\varphi_4 = 0$.

Unter diesen Voraussetzungen ist
$$\frac{\sigma_{011}}{h_{011}} = \sqrt{2}\,(1+\alpha+3\beta)\,\frac{\varphi_1}{d^2};$$

daraus folgt
$$h_{001} = \sqrt{2}\,\frac{(2+\alpha+4\beta)}{(2+2\alpha+6\beta)}; \quad h_{001} < s_{001};$$
$$h_{211} = \frac{2\sqrt{3}}{3}\frac{(2+2\alpha+5\beta)}{(2+2\alpha+6\beta)}; \quad h_{211} < s_{211};$$

$$h_{111} = \frac{\sqrt{6}}{2} \frac{(1 + \alpha + 2\beta)}{(1 + \alpha + 3\beta)}; \quad h_{111} < s_{111}.$$

Die Gleichgewichtsform ist also von 011-, 001-, 211- und 111-Flächen begrenzt.

Zum gleichen Ergebnis kommt man natürlich auch bei Anwendung der Methode von STRANSKI und KAISCHEW, was hier nur angedeutet werden soll (vgl. auch Tab. 12b):

a) $\varphi_1 > 0$.

Die Bausteine an den Vierer- und Dreierecken des Rhombendodekaeders sind mit $4\varphi_1 = \varphi_{1/2}$ gebunden.

b) $\varphi_1, \varphi_2 > 0$.

Die Abtrennarbeit des Bausteins an der Viererecke ist $\varphi_{4E} = 4\varphi_1 + \varphi_2$, die des Bausteins an der Dreierecke dagegen $\varphi_{3E} = 4\varphi_1 + 3\varphi_2$. Da $\varphi_{1/2} = 4\varphi_1 + 3\varphi_2$, folgt $\varphi_{4E} < \varphi_{1/2}$ und $\varphi_{3E} = \varphi_{1/2}$.

c) $\varphi_1, \varphi_2, \varphi_3 > 0$.

$$\varphi_{1/2} = 4\varphi_1 + 3\varphi_2 + 6\varphi_3; \quad \varphi_{4E} = 4\varphi_1 + \varphi_2 + 4\varphi_3; \quad \varphi_{3E} = 4\varphi_1 + 3\varphi_2 + 3\varphi_3$$

Daraus folgt: $\varphi_{4E} < \varphi_{1/2}$ und $\varphi_{3E} < \varphi_{1/2}$.

Wie bereits erwähnt wurde, erhält man eine Übereinstimmung mit den Experimenten, wenn man annimmt, daß für das kubisch flächenzentrierte Gitter und für die hexagonal dichteste Kugelpackung φ_1 und φ_2, für das Diamantgitter φ_1, φ_2 und φ_3 zu berücksichtigen sind.

Eine prinzipielle Abweichung wird für das kubisch raumzentrierte Gitter registriert, die hier kurz angedeutet werden soll.

Nach der Theorie sollten (wie oben abgeleitet) entweder die Flächen 011 und 001 auftreten ($\varphi_1, \varphi_2 > 0$), oder aber es müßten zusätzlich die Flächen 211 und 111 in Erscheinung treten ($\varphi_1, \varphi_2, \varphi_3 > 0$). Im Experiment werden beobachtet: 011, 001 und 211, niemals jedoch 111 (Kap. III und IV). Es wurde angenommen [vgl. HONIGMANN, MÜLLER und STRANSKI (1950) und weitere Literaturzitate], daß Bindungskräfte nur zwischen erst- und zweitnächsten Nachbarn wirken. Das zusätzliche Erscheinen von 211 an der Gleichgewichtsform läßt sich dann mit Hilfe einer Verminderung der freien spezifischen Oberflächenenergie σ_{211} erklären, die durch eine zweidimensionale Modifikationsänderung bedingt sein kann. Es ist möglich, daß diese am reinen Kristall in fremdstofffreier Umgebung oberhalb einer bestimmten Temperatur eintritt, jedoch ist es nicht ausgeschlossen, daß hier eine Verminderung von σ_{211} durch Fremdstoffadsorption vorliegt. In allen Fällen würde 211 als G_f-Fläche zu bezeichnen sein. Außerdem ist in Erwägung zu ziehen, daß 211 eine A 1-Fläche ist. Es müßte dann allerdings ein wiederholbares vergröbertes Wachstum (W-Fläche) vorliegen, dessen Ursache gesondert erklärt werden muß.

4. Wachstum

a) Die zwei-, ein- und nulldimensionale Keimbildung

Zum Wachstum ist stets eine übersättigte Phase notwendig. Im ersten Kapitel wurde die Übersättigung durch die Größen p (Druck der übersättigten Phase) und p_s (Sättigungsdruck) beschrieben. Es ist nun p identisch mit p_h und p_s identisch mit p_∞. Bei gegebenem Übersättigungsverhältnis $\dfrac{p}{p_s} = \dfrac{p_h}{p_\infty}$ kann man mit Hilfe der Gleichung (4) die für alle weiteren Überlegungen benötigte mittlere Abtrennarbeit $\overline{\varphi}_h$ berechnen. Dabei ist h die Zentraldistanz des dreidimensionalen Keims, der mit dem Druck p_h im Gleichgewicht steht. Eine Anlagerung von Bausteinen ist dann an solchen Gitterplätzen (ν) beliebig großer Kristalle (die jedoch größer als der dreidimensionale Keim sein müssen) möglich, für die $\varphi_\nu > \overline{\varphi}_h$. Die Reihenfolge der Anlagerung richtet sich nach der Größe der bei der Anlagerung frei werdenden Energie: $\Delta \varphi = \varphi_\nu - \overline{\varphi}_h$.

Es soll ein KOSSEL-Kristall ($\varphi_1 > 0$, $\varphi_2, \varphi_3 \ldots = 0$) betrachtet werden (vgl. Abb. 63), der bei geringer Übersättigung wächst, d. h. es sei

$$\varphi_{1/2} = 3\,\varphi_1 > \overline{\varphi}_h > 2\,\varphi_1.$$

Auf der 100-Fläche (Abb. 63a) ist eine Anlagerung einzelner Bausteine nicht möglich, da $_{100}\varphi_{ad} = 1\,\varphi_1$ (Gitterplatz 1). Zur Ausbildung von Wachstumsstellen ist zunächst die Bildung eines zweidimensionalen Keims erforderlich. Am Keimrand (Gitterplatz 2) ist die Anlagerung ebenfalls nicht möglich, da die Bindungsenergie $2\,\varphi_1$ beträgt. Wachstumsstellen sind erst nach Ausbildung eines eindimensionalen Keims an dessen beiden Enden (Gitterplätze 3) vorhanden. Die Bindungsenergie ist dort $3\,\varphi_1$.

Form und Größe des zweidimensionalen Keims sind, wie erläutert, durch $\overline{\varphi}_h$ bzw. p_h eindeutig bestimmt und sind unabhängig von der Größe der Kristallfläche, auf der der Keim entsteht. Die zur Bildung der Keime notwendige Schwankung der freien Energie wird als Keimbildungsarbeit bezeichnet. Man hat zwischen ein- und zweidimensionaler Keimbildungsarbeit (A_1 und A_2) zu unterscheiden. Ihre Größe bestimmt die Wachstumsgeschwindigkeit, die im letzten Teil dieses Abschnittes erörtert wird.

Auf der 110-Fläche (Abb. 63b) ist eine zweidimensionale Keimbildung nicht erforderlich, denn zur Ausbildung von Wachstumsstellen (3) ist nur die Bildung von Bausteinketten (eindimensionale Keime) notwendig. Durch die in statistischer Verteilung und unabhängig voneinander erfolgende Anlagerung neuer Ketten wächst die Fläche vergröbert.

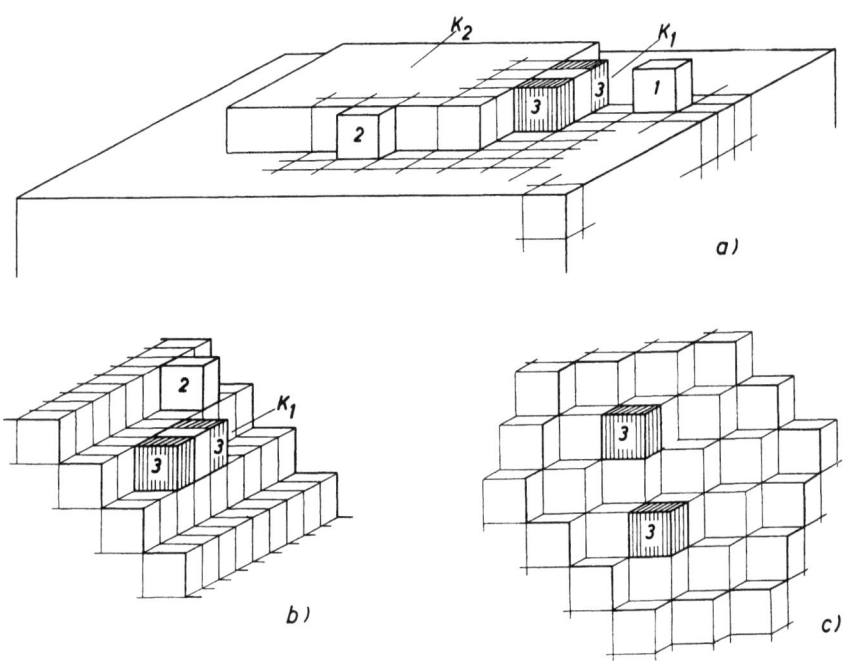

Abb. 63. Wachstum der Flächen 100 (a), 110 (b) und 111 (c) eines Kristalls mit einfach kubischem Gitter. K_2 und K_1 kennzeichnen zwei- bzw. eindimensionale Keime. Die Bedeutung der Ziffern 1–3 wird im Text erläutert.

Auf der 111-Fläche (Abb. 63c) ist bereits jeder neue Gitterplatz eine Wachstumsstelle (3). Hier führt die in statistischer Verteilung und unabhängig voneinander erfolgende Anlagerung einzelner Bausteine zu einem vergröberten Wachstum.

Man erkennt hier unschwer die Übereinstimmung mit den beschriebenen Vorgängen unter Gleichgewichtsbedingungen.

Folgende qualitative Überlegung zeigt, daß die Wachstumsgeschwindigkeit der G-Fläche 100 sehr viel geringer ist als die aller übrigen Flächen.

Ein vereinfachter Ansatz für die Wachstumsgeschwindigkeit lautet:

$$v = \text{const.}\, \Delta \dot{n} \exp\left(-A/kT\right).$$

Darin bedeutet $\Delta \dot n$ die Differenz der gaskinetischen Stoßzahlen:

$$\Delta \dot n \approx \frac{p_h - p_\infty}{2 \pi m k T}.$$

$p_h - p_\infty = \Delta p$ ist die Übersättigung und T die Temperatur, bei der ein Kristall wächst, dessen Bausteine die Massen m haben. Die Keimbildungsarbeit A hängt von der Übersättigung und von der Indizierung der Fläche ab. Für ihre Berechnung muß man nach STRANSKI und KAISCHEW (1935) einen Keim durch Zusammenfügen der einzelnen Bausteine aufbauen, die für jeden Schritt (φ_ν) notwendige Schwankung der freien Energie berechnen $(\overline{\varphi}_h - \varphi_\nu)$ und über alle Bausteine des Keimes summieren:

$$A = \sum_\nu (\overline{\varphi}_h - \varphi_\nu).$$

Für den KOSSEL-Kristall $(\varphi_1 > 0)$ wurden die Keimbildungsarbeiten von STRANSKI und KAISCHEW (1935) berechnet:

zweidimensionale Keimbildungsarbeit auf 100 : $A_2 = n' \varphi_1$;

eindimensionale Keimbildungsarbeit auf 110 : $A_1 \approx \varphi_1 - \dfrac{\varphi_1}{n'}$;

nulldimensionale Keimbildungsarbeit auf 111 : $A_0 = 0$.

$$n' = \frac{\varphi_1}{k T \ln \dfrac{p_h}{p_\infty}} \qquad \text{(vgl. Glgg. 11 und 22).}$$

Daraus folgt, daß A_2 mit abnehmender Übersättigung auf ∞ ansteigt, während A_1 auf den Wert φ_1 konvergiert. Für kleine und mittlere Übersättigungen ist $_{100}A_2 \gg {}_{110}A_1$ und $_{100}v \ll {}_{110}v$. Da φ_1 die gleiche Größenordnung wie (kT) hat, ist der für die Berechnung der Wachstumsgeschwindigkeit wichtige Exponentialfaktor im Falle der 110-Fläche nicht wesentlich von 1 verschieden; für 111 mit $A_0 = 0$ ist er exakt gleich eins. Daraus folgt $_{110}v \approx {}_{111}v$.

Ergänzend sei erwähnt, daß alle Flächen der Zonen [100], [010] und [001] außer {001} die gleiche Keimbildungsarbeit A_1 aufweisen und daß alle übrigen Flächen ohne Energieschwellen $(A = 0)$ wachsen.

Betrachtet man einen KOSSEL-Kristall und berücksichtigt zusätzlich die Bindung zwischen zweitnächsten Nachbarn, so sind bekanntlich 100, 110 und 111 G-Flächen.

Berechnet man die Keimbildungsarbeiten $_{hkl}A_2$ entweder nach STRANSKI-KAISCHEW oder nach der von VOLMER angegebenen Formel mit Hilfe der spezifischen Randenergien und Randlängen des zweidimensionalen Keims $A_2 = \dfrac{1}{2} \sum_i \varrho_i L_i$, so kann man die Reihenfolge der Wachstumsgeschwindigkeiten ($_{hkl}v$) geordnet nach steigenden Werten angeben. Die gleiche Reihenfolge ergibt sich für die $_{hkl}\varphi_{ad}$-Werte. Zieht man die A 1- und A 0-Flächen in den Kreis der Betrachtungen ein, so erhält man folgende Aussagen:

$$_{100}A_2 > {}_{110}A_2 > {}_{111}A_2 \gg {}_{hk0}A_1 > {}_{hkl}A_0 = 0;$$

$$_{100}v < {}_{110}v < {}_{111}v \ll {}_{hk0}v \lessgtr {}_{hkl}v;$$

$$_{100}\varphi_{ad} < {}_{110}\varphi_{ad} < {}_{111}\varphi_{ad} < {}_{hk0}\varphi_{ad} < {}_{hkl}\varphi_{ad} = \varphi_{1/2}.$$

Diese praktische Regel, daß die φ_{ad}-Werte und die v-Werte parallel laufen, ist für das gewählte Beispiel streng gültig. Man muß jedoch berücksichtigen, daß die A 2- bzw. G-Flächen bei kleinen und mittleren Übersättigungen wesentlich langsamer wachsen als die A 1- und A 0-Flächen, und daß letztere sich nur bei kleinsten Übersättigungen in ihrer Wachstumsgeschwindigkeit unterscheiden, bei kleinen, mittleren und hohen dagegen praktisch nicht. Außerdem folgt aus dieser Betrachtung, daß an stationären Wachstumsformen (vgl. Kap. I) idealer Kristalle nur G-Flächen als Begrenzungsflächen in Erscheinung treten können.

Entsprechende Rechnungen an Hand anderer Gittertypen ergeben Abweichungen von der oben genannten Regel. Man findet z. B. für Kristalle mit kubisch raumzentriertem Gitter ($\varphi_1, \varphi_2 > 0$): $v_{001} \ll v_{211}$; dies folgt daraus, daß die 001-Fläche vom Typ A 2, die 211-Fläche dagegen vom Typ A 1 ist; dagegen ist $_{001}\varphi_{ad} > {}_{211}\varphi_{ad}$ (vergl. Tabelle 12b). Werden jedoch nur Flächen mit gleichem Wachstumsmechanismus betrachtet, so ist die Parallelität der v- und φ_{ad}-Werte allgemein gültig. Im gewählten Beispiel findet man:

$$v_{011} < v_{001} \text{ und } {}_{011}\varphi_{ad} < {}_{001}\varphi_{ad} \quad (A\ 2\text{-Flächen})$$

$$v_{211} = v_{321} < v_{310} \text{ und } {}_{211}\varphi_{ad} = {}_{321}\varphi_{ad} < {}_{310}\varphi_{ad} \quad (A\ 1\text{-Flächen}).$$

Sobald man jedoch die extrem idealisierten Voraussetzungen einschränkt, ergeben sich zahlreiche neue Probleme. Nimmt man z. B. an, daß die zweidimensionale Keimbildungsarbeit durch wenige Gitterstörungen, die als Wachstumszentren wirken, vermindert oder aufgehoben wird, dann müßte man auch das Auftreten von A 1- und A 0-Flächen an stationären Wachstumsformen in Betracht ziehen. Da jedoch A 1- und A 0-Flächen vergröbert wachsen, können diese als „Flächen" mit definierter Indizierung nur in Erscheinung treten, wenn sie *wiederholbar* vergröbert wachsen, also W-Flächen sind.

Unter den hier betrachteten Voraussetzungen ist ein wiederholbar vergröbertes Wachstum der A 1- und A 0-Flächen nichtpolarer Gitter nicht möglich, da, wie bereits erwähnt, die Anlagerung neuer Bausteine oder Bausteinketten durch bereits eingebaute Bausteine auf $A0$-Flächen und Bausteinketten auf $A1$-Flächen nicht beeinflußt bzw. gesteuert wird.

Auf $A1$- oder $A0$-Flächen heteropolarer Gitter (z. B. NaCl) liegt dagegen eine solche Beeinflussung vor, die als eine der Ursachen für ein wiederholbares vergröbertes Wachstum angesehen werden kann. Dieses Problem wurde von STRANSKI (1932) eingehend erörtert, und es soll hier auszugsweise referiert werden.

b) Vergröbertes Wachstum der nicht zur Gleichgewichtsform gehörenden Flächen des NaCl-Kristalls

Alle nicht zur Gleichgewichtsform gehörenden Flächen des NaCl-Kristalls zeigen die Tendenz fortschreitender Vergröberung, wobei jedoch die Ausbildung vorübergehend wiederholbar wachsender Oberflächenstrukturen möglich ist. Da wiederholbar wachsende Oberflächenstrukturen nur durch Schwankungserscheinungen, nicht wiederholbar wachsende dagegen ohne Energieschwellen weiter vergröbern können, ist es verständlich, daß eine Fläche um so langsamer vergröbert und wächst, je mehr wiederholbar wachsende Profile beim Wachstum erreicht werden. Die Wahrscheinlichkeit für die vorübergehende Bildung wiederholbar wachsender Oberflächenstrukturen muß daher mit der Anzahl der wiederholbar wachsenden Profile zunehmen.

In der Zone [100] können nur gleichförmige, nicht aber zusammengesetzt gleichförmige Oberflächenprofile wiederholbar wachsen. Alle Oberflächenprofile werden durch Würfelflächenelemente begrenzt. Man kann sie durch das Symbol $(hkl)_a$ eindeutig beschreiben; a bedeutet die Länge der kürzesten Kante der Würfelstufen (gemessen in Einheiten r_0). Als Maß für die Vergröberung dient der Abstand E der Vergröberungsstufen in der jeweiligen Flächenebene. Die Zahl Z der gleichförmigen Oberflächenprofile einer Fläche $(hk0)$, ausgehend von der glatten Fläche bis zur maximalen Vergröberung E beträgt:

$$Z = E/\sqrt{h^2 + k^2} \cdot r_0 \quad \text{(vgl. Abb. 64).}$$

Diese Profile sind dann auf die Möglichkeit eines wiederholbaren Wachsens zu prüfen. Zu diesem Zweck werden zahlreiche Abtrennarbeiten für die verschiedensten Profile berechnet. Da es sich ausschließlich um $A1$-Flächen handelt, können φ_{ad}-Werte als qualitatives Maß für die eindimensionalen Keimbildungsarbeiten angesehen werden. Die Reihenfolge der Anlagerung (von Bausteinketten) wird jeweils durch die Möglichkeit bestimmt, die die kleinste eindimensionale Keimbildungsarbeit erfordert (vgl. Abb. 65). Die

Prüfung ergibt [vgl. STRANSKI (1932)], daß von den gleichförmigen Flächen $(hk0)_a$ die folgenden nicht wiederholbar wachsen: von $(110)_a$ alle mit ungeradzahligen a, von $(210)_a$ nur diejenige mit $a = 1$ und 2, von $(410)_a$, $(610)_a$,

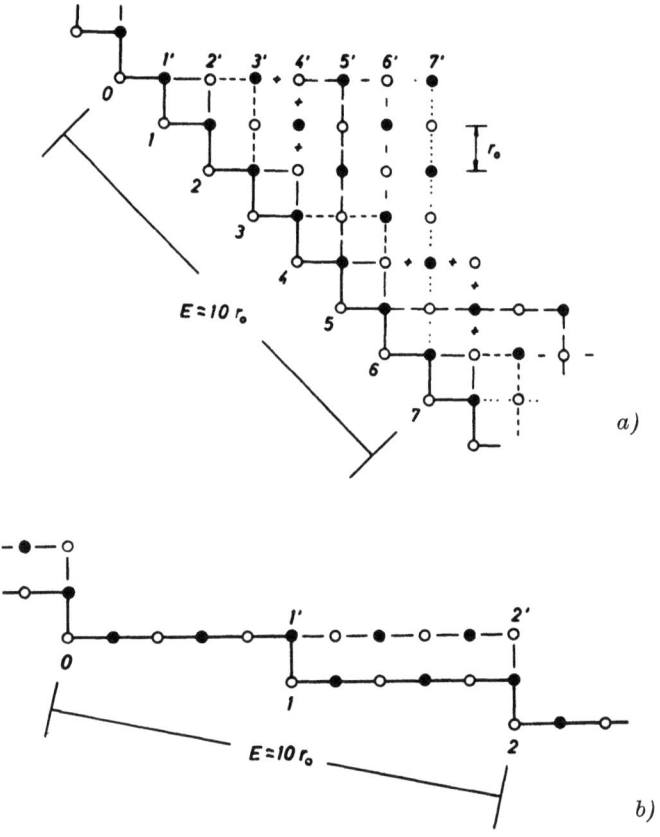

Abb. 64. Die gleichförmigen Flächenprofile von 011 (*a*) und 015 (*b*) bis zu einer Stufenbreite $E \approx 10 \cdot r_0$ (NaCl-Gitter). Man findet auf 011 sieben, auf 015 dagegen nur 2 Profile.

$(810)_a$ usw. nur solche mit $a = 2$ und von $(310)_a$, $(510)_a$ usw. alle mit ungeradzahligen a und mit $a = 2$. Von (650), (540), (430) und (320) wachsen dagegen alle gleichförmigen Profile wiederholbar.

In Tab. 11 sind die Ergebnisse für die Flächen der Zone [100] zusammengestellt; als obere Grenze für die Vergröberung ist für alle Flächen $E = 100 r_0$ eingesetzt.

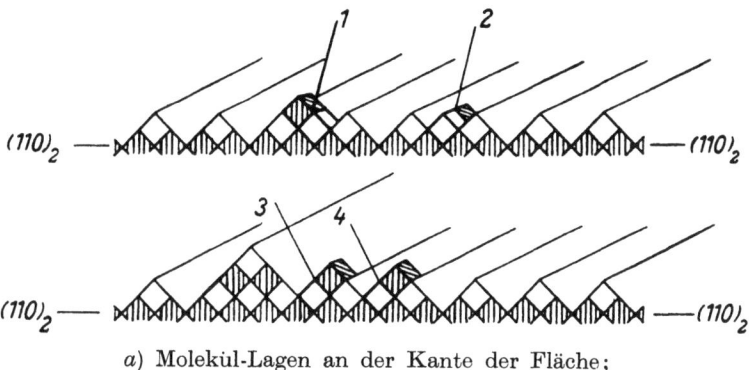

a) Molekül-Lagen an der Kante der Fläche;

b) Das wiederholbare Wachstum dieser Fläche äußert sich durch Anlagerung von Molekülketten in der eingezeichneten Reihenfolge.

Abb. 65. Zum Wachstum von $(110)_2$.

Tabelle 11

Flächen der Zone [001]	Zahl der gleichförmigen Profile	Zahl der wiederholbar wachsenden Profile
110	70	35
650	12	12
540	15	15
430	20	20
320	27	27
210	44	42
310	31	14
410	24	23
510	19	8
610	16	15
100	—	—

Aus der Tabelle ist zu ersehen, daß die Wahrscheinlichkeit dafür, daß die Flächen der Zone [100] als W-Flächen in Erscheinung treten, in folgender Reihenfolge abnehmen sollte: 210, 110, 310, 410 usw.

Bei den übrigen Flächen außerhalb der Zone [100] wachsen ausschließlich die zusammengesetzt gleichförmigen Profile wiederholbar. Hierbei handelt es sich zwar um gleich große Vergröberungselemente, jedoch greifen diese ineinander, so daß sich zwei (oder mehrere) Gruppen ergeben, deren äußerste (Spitzen-) Bausteine auf unterschiedlichem Höhenniveau liegen (vgl. Abb. 66–68). Eine genauere Analyse der Wachstumseigenschaften liegt nicht vor. STRANSKI deutet jedoch an, daß von allen NaCl-Flächen

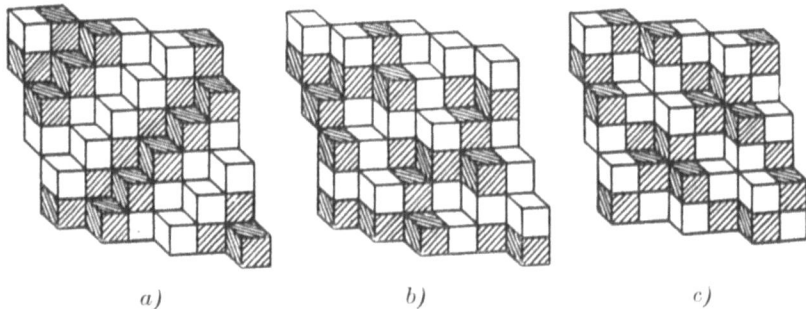

Abb. 66. Beispiele für Oberflächenprofile von 211. – a) die vollständige zusammengesetzt gleichförmige Fläche 211; b) ein zusammengesetzt gleichförmig vergröbertes Profil; c) das gleichförmig vergröberte Profil $(211)_2$.

(außer der G-Fläche 100) sehr wahrscheinlich 111 die höchste Anzahl wiederholbar wachsender Flächenprofile besitzen wird. Das rührt vor allem daher, daß auf dieser Fläche gewissen Strukturen ein dreifaches statistisches Gewicht zukommt (vgl. Abb. 68).

Abb. 67. Das gleichmäßig vergröberte Profil von $(111)_2$.

Aus diesen Überlegungen kann man also ersehen, daß 111, 210, 110, 410, 430 usw. als W-Flächen des idealen NaCl-Gitters wachsen können. Die wesentliche Frage, warum von diesen Flächen im Experiment nur die ersten drei beobachtet werden, ist nicht beantwortet. Diese Arbeit wurde so ausführlich referiert, da sie den ersten Versuch darstellt, das wiederholbare vergröberte Wachstum theoretisch zu erklären. Heute vertritt jedoch

STRANSKI die Auffassung, daß nur den Vorgängen an den ersten Vergröberungsstufen eine physikalische Bedeutung zukommt, und daß die Lösungsmittelmoleküle das vergröberte Wachstum entscheidend beeinflussen. Wie

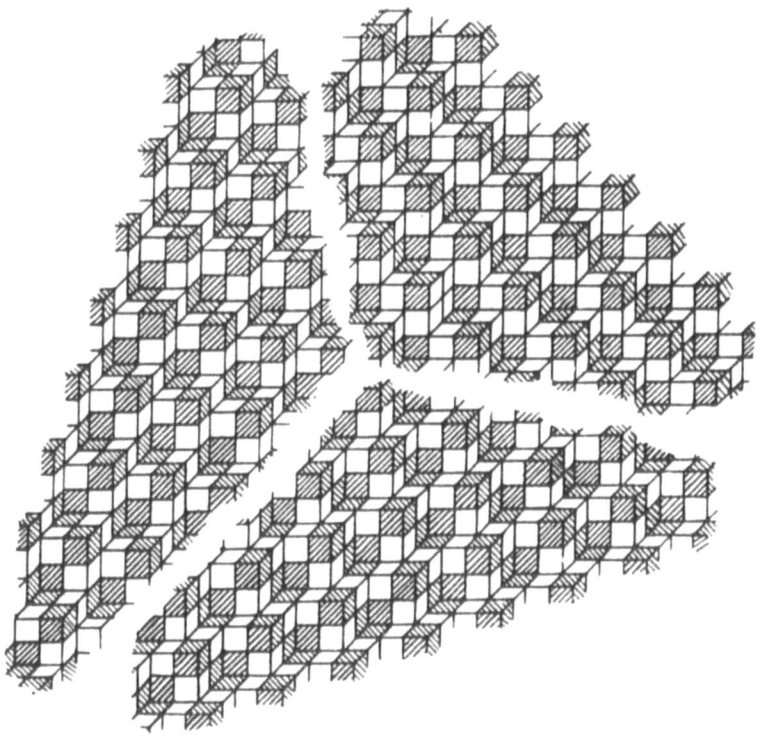

Abb. 68. Drei zusammengesetzt gleichförmig vergröberte Profile, die sich aus $(111)_2$ durch einfache Verschiebung der Würfelnetzebenen bilden.

bereits erwähnt wurde, muß bei nichtpolaren Kristallen die Ausbildung von W-Flächen von vornherein der Wirksamkeit realer Faktoren (Fremdstoffe) zugeschrieben werden. Sehr wahrscheinlich kann dieses Problem nur im Zusammenhang mit dem Studium realer Faktoren, die das Wachstum beeinflussen, weiter aufgeklärt werden.

c) Das Wachstum ohne oder mit verminderten zweidimensionalen Keimbildungsarbeiten

Es wurde bereits mehrfach erwähnt, daß G-Flächen beim Vorliegen von Gitterstörungen ohne oder mit verminderten zweidimensionalen Keimbildungsarbeiten wachsen können. Dadurch wird zwar die Wachstumsgeschwindigkeit merklich heraufgesetzt, die wichtigsten Merkmale des Wachstumsvorganges werden jedoch nur unwesentlich geändert, so daß die

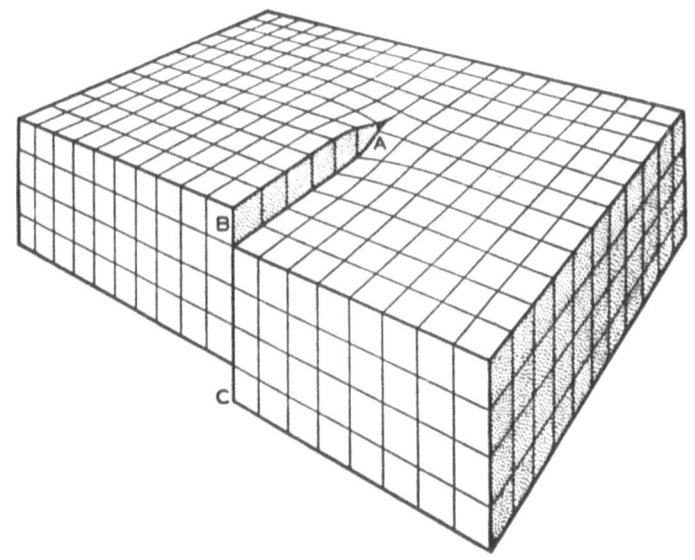

Abb. 69. Schematische Darstellung eines kubischen Kristalls mit einer Schraubenversetzung. [Nach READ (1953).]

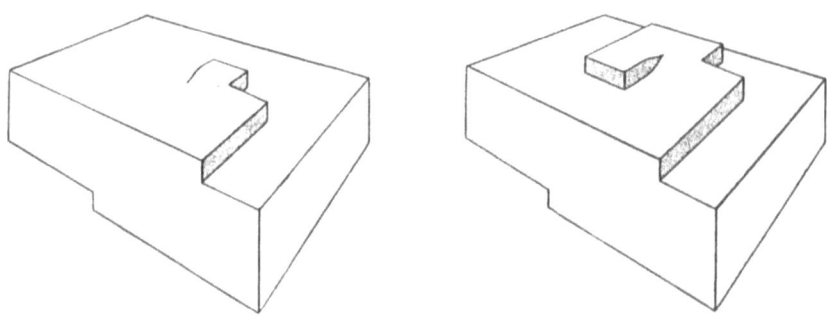

Abb. 70. Wachstumsstadien eines Kristalls mit einer Schraubenversetzung. [Nach READ (1953).]

Unterschiede gegenüber den $A1$- und $A0$-Flächen bestehen bleiben. Dies kann an Hand einer speziellen Gitterstörung, der Schraubenversetzung, am einfachsten erklärt werden. Auf die große Bedeutung solcher Störungen hat bekanntlich F. C. FRANK (1949) aufmerksam gemacht. An Hand eines

Modells eines einfach kubischen Gitters ($\varphi_1 > 0$) mit Schraubenversetzungen (Abb. 69) haben FRANK, BURTON und CABRERA (1949, 1951, 1952) interessante kinetische Rechnungen durchgeführt (vgl. Abschn. V, 1 b), wobei alle übrigen Voraussetzungen und Ansätze der Theorie des Wachstums idealer Kristalle übernommen wurden.

Betrachtet man das genannte Modell (Abb. 69) und vergleicht es mit einem idealen Kristall (Abb. 63), so stellt man fest, daß man in beiden Fällen die gleichen drei Anlagerungsplätze 1, 2 und 3 findet. Ein Weiterwachsen in tangentialer Richtung ist nur an den Keimrändern und an dem durch die Schraubenversetzung gebildeten Rand (AB) möglich. Für alle übrigen Gitterplätze gilt $\varphi_{ad} = \varphi_1 < \overline{\varphi}_h < \varphi_{1/2}$; dies garantiert in beiden Fällen ein Wachstum Netzebene für Netzebene. Je größer der Kristall ist, um so weniger fällt beim Vorliegen einer Schraubenversetzung die geringe Abweichung von der ideal glatten Netzebene ins Gewicht. Stärkere Abweichungen ergeben sich nur in nächster Umgebung der Schraubenachse.

Der entscheidende Unterschied besteht darin, daß beim Vorliegen einer Schraubenversetzung die zweidimensionale Keimbildungsarbeit herabgesetzt bzw. aufgehoben wird.

Ist die Randlänge (AB) der durch die Schraubenversetzung erzeugten Stufe kürzer als die Randlänge des zweidimensionalen Keims, so ist eine zweidimensionale Keimbildung erforderlich, wobei die Stufe der Schraubenversetzung als aktives Zentrum wirksam ist. Es ist die für einen solchen Keim notwendige Keimbildungsarbeit A_2' geringer als A_2, da die Zahl der Bausteine, deren Anlagerung nur durch eine Schwankung der freien Energie möglich ist, näherungsweise um die Zahl der Gitterplätze an der Kante AB vermindert ist.

Ist die Randlänge AB größer als die des zweidimensionalen Keims, so ist eine zweidimen-

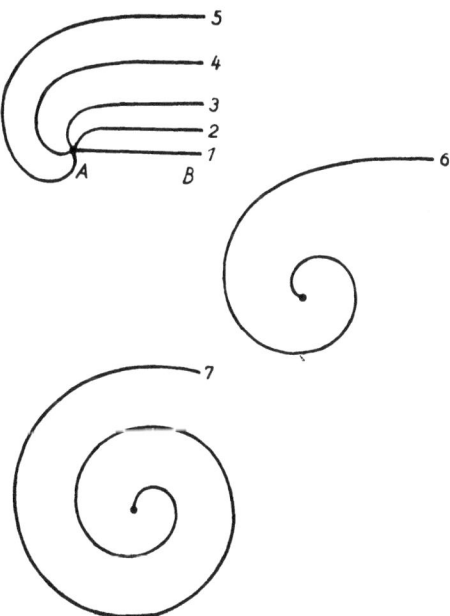

Abb. 71. Ausbildung einer runden Spirale. – 1–6 Entwicklungsstadien; 7 stationärer Zustand. [Nach READ (1953).]

130   Theorie

sionale Keimbildung nicht erforderlich. Die Anlagerung weiterer Bausteine erfolgt dann (abgesehen von den meist vernachlässigbar geringen eindimensionalen Keimbildungsarbeiten) ohne Energieschwellen.

Durch die spezielle Oberflächengestaltung bildet sich beim Wachstum zwangsläufig eine Spirale aus. Es hängt von den äußeren Bedingungen ab (Übersättigung, Temperatur usw.), ob die Spiralfronten durch Ketten dichtester Nachbarn (Abb. 70) oder durch Rundungen (Abb. 71) begrenzt sind; auch Übergänge [mit „abgerundeten" Ecken (Abb. 72a)] sind möglich. Ferner sei erwähnt, daß sich beim Vorliegen zweier entgegengesetzt gerichteter Schraubenversetzungen Wachstumsschichten (Abb. 72b) ausbilden können.

Abb. 72. Einfach- und Doppelspirale. (Nach F. C. FRANK (1949).]

Abschließend sei erwähnt, daß ein Wachstum ohne oder mit verminderter zweidimensionaler Keimbildungsarbeit immer dann möglich ist, wenn eine Fläche mit einer anderen oder einer Fremdunterlage eine Hohlkante bildet. Arteigene Hohlkanten findet man an solchen Kristallen, die beim Wachstum zusammengestoßen sind (Korngrenzen), an den Blockgrenzen von Mosaikkristallen und an Kristallzwillingen. Wirksame heterogene Hohlkanten liegen vor, wenn ein Kristall auf eine geeignete Unterlage aufgewachsen ist. Im Prinzip ist dieser Sachverhalt bereits von STRANSKI und KRASTANOW (1938) im Zusammenhang mit den Studien der Keimbildung auf der Unterlage eines Wirtskristalles dargelegt worden [vgl. auch STRANSKI und HONIGMANN (1949), STRANSKI, Disc. Farad. Soc. 5, 75 (1949) und O. KNACKE (1951)].

5. Bemerkungen zur Methode von Hartman und Perdok

Die Methode von HARTMAN und PERDOK ist eine Arbeitshypothese, die zur Bestimmung der wesentlichen Wachstumsflächen zahlreicher Substanzen, darunter auch solcher mit kompliziertem Gitter und Bindungstyp, angewendet worden ist und sich bewährt hat. Wie bereits im ersten Kapitel erwähnt wurde, kann man aus der Zahl der in einer Fläche liegenden PBC-Vektoren (Gitterketten in Richtung starker Bindungen) auf die morphologische „Wichtigkeit" der Fläche schließen.

Die im folgenden referierte Begründung der Arbeitshypothese durch HARTMAN und PERDOK kann nicht akzeptiert werden. Statt dessen wird auf den engen Zusammenhang mit den bisher besprochenen Methoden und Regeln zur Bestimmung der Gleichgewichtsform hingewiesen. Diese Betrachtungen basieren jedoch vorerst auf Berechnungen an einfachen Gittern. Es ist anzunehmen, daß dieser Zusammenhang auch für kompliziertere Gitter nachgewiesen werden kann.

Die Verfasser vertreten die Ansicht, daß „die GIBBSsche Bedingung für praktische morphologische Probleme nicht anwendbar ist, da abgesehen davon, daß das Kristallwachstum kein reversibler Prozeß ist, keine Methode bekannt ist, mit der die freie Oberflächenenergie eines Realkristalls gemessen oder berechnet werden kann". Sie gehen bei ihren Betrachtungen statt dessen von dem Begriff der „Anlagerungsenergie" (AE=attachment energy) aus. Dieser wird definiert als die Bindungsenergie, die frei wird, wenn ein Gitterbaustein auf der Oberfläche einer idealen Kristallfläche angelagert wird; es handelt sich also um die im voranstehenden mehrfach erwähnte Abtrennarbeit (bzw. Bindungsenergie) φ_{ad}. HARTMAN und PERDOK nehmen an, daß zwischen der zur Bildung der Bindung notwendigen Zeit und der Bindungsenergie ein reziproker Zusammenhang besteht. Daher ist, so folgern sie, die Wachstumsgeschwindigkeit einer Kristalloberfläche klein, wenn die Anlagerungsenergie gering ist.

HARTMAN und PERDOK argumentieren dann weiter: liegt in einer Fläche keine Gitterkette mit starken Bindungen zwischen den Bausteinen (d. h. kein PBC-Vektor), so ist die Anlagerungsenergie und daher die Wachstumsgeschwindigkeit groß. Alle diese Flächen (die die Verfasser als „kinked" faces = K-Flächen bezeichnen) wachsen so schnell, daß sie an Wachstumsformen nicht in Erscheinung treten können bzw. sehr schnell verschwinden, sollten sie einmal ausgebildet werden. Liegen dagegen zwei oder mehr solcher PBC-Vektoren in einer Fläche, so ist die Anlagerungsenergie gering, desgleichen die Wachstumsgeschwindigkeit. Diese F-Flächen (flat faces) sind daher, so wird gefolgert, die wichtigsten Wachstumsflächen. Flächen mit einem PBC-Vektor, S-Flächen (stepped faces) sollen in ihrer „Wichtigkeit" zwischen K- und F-Flächen stehen.

In den Abschn. VI, 1c, VI, 3 VI, 4 wurde erläutert, daß man bei Kristallen mit nichtpolarer Bindung mittels Gitterketten benachbarter Bausteine zu einer Klassifizierung in $A\,2$-, $A\,1$- und $A\,0$-Flächen kommt, die in Übereinstimmung mit den Gesetzmäßigkeiten der Keimbildung steht. Wie man unschwer erkennt, ist die Einteilung in F-, S- und K-Flächen nach HARTMAN und PERDOK damit formal identisch. HARTMAN und PERDOK kommen jedoch zu einigen von der allgemeinen Theorie des Kristallwachstums abweichenden Aussagen, da sie ihre Methode auf die φ_{ad}-Werte aufbauen. Inwieweit das zu Fehlschlüssen führen kann, ist aus den Ausführungen im Abschn. VI, 4 (S. 122) zu ersehen.

Ein weiteres Problem ist die Frage, welche Gitterketten als Ketten starker Bindungsenergie angesprochen werden. Dies folgt bei nichtpolarer Bindung automatisch aus der Voraussetzung über die Reichweite der Bindungskräfte. HARTMAN und PERDOK treffen für jeden Gittertyp in der Regel nur eine Voraussetzung und stellen dann scheinbare Unstimmigkeiten im Vergleich mit den von STRANSKI und KAISCHEW bestimmten Flächen fest. Dies entfällt, wenn man nur solche Beispiele vergleicht, die mit den gleichen Voraussetzungen über die Reichweite der Kräfte durchgerechnet worden sind.

Tabelle 12a
Einteilung der Flächen des kubisch flächenzentrierten Gitters

1	2	3			4	5			6			7	8	9
R	hkl	r_1	r_2	r_3	Symb.	φ_{ad}			$\varphi_{1/2} - \varphi_{ad}$			ϱ	Symb.	$\varphi_{1/2}$
						n_1	n_2	n_3	n_1	n_2	n_3			
A	111	3			F	3			3			$+$	$A\,2 = G$	
	100	2			F	4			2			$+$	$A\,2 = G$	
	110	1			S	5			1			$+/0$	$A\,1$	$6\varphi_1$
	311	1			S	5			1			$+/0$	$A\,1$	
	210	0			K	6			0			0	$A\,0$	
	531	0			K	6			0			0	$A\,0$	
B	111	3			F	3	3		3			$+$	$A\,2 = G$	
	100	2	2		F	4	1		2	2		$+$	$A\,2 = G$	
	110	1	1		F	5	2		1	1		$+$	$A\,2 = G$	$6\varphi_1 + 3\varphi_2$
	311	1			S	5	3		1			$+/0$	$A\,1$	
	210		1		S	6	2			1		$+/0$	$A\,1$	
	531	0			K	6	3		0			0	$A\,0$	
C	111	3		3	F	3	3	9	3		3	$+$	$A\,2 = G$	
	100	2	2		F	4	1	12	2	2		$+$	$A\,2 = G$	
	110	1	1	2	F	5	2	10	1	1	2	$+$	$A\,2 = G$	
	311	1		2	F	5	3	10	1		2	$+$	$A\,2 = G$	$6\varphi_1 + 3\varphi_2$
	331	1			S	5	3	12	1			$+/0$	$A\,1$	$+ 12\varphi_3$
	210		1	2	F	6	2	10		1	2	$+$	$A\,2 = G$	
	211⎫ 511⎭	1			S	5	3	12	1			$+/0$	$A\,1$	
	531			2	F	6	3	10			2	$+$	$A\,2 = G$	
	221	1			S	5	3	12	1			$+/0$	$A\,1$	
	310		1		S	6	2	12		1		$+/0$	$A\,1$	
	321	0			K	6	3	12	0			0	$A\,0$	

Tabelle 12b
Einteilung der Flächen des kubisch raumzentrierten Gitters

1	2	3			4	5			6			7	8	9
						φ_{ad}			$\varphi_{1/2}-\varphi_{ad}$					
R	hkl	r_1	r_2	r_3	Symb.	n_1	n_2	n_3	n_1	n_2	n_3	ϱ	Symb.	$\varphi_{1/2}$
A	110	2			F	2			2			+	$A\,2=G$	
	100	0			K	4			0			0	$A\,0$	$4\varphi_1$
	211	1			S	3			1			+/0	$A\,1$	
	111	0			K	4			0			0	$A\,0$	
B	110	2	1		F	2	2		2	1		+	$A\,2=G$	
	100		2		F	4	1			2		+	$A\,2=G$	$4\varphi_1+3\varphi_2$
	111	0			K	4	3		0			0	$A\,0$	
	211	1			S	3	3		1			+/0	$A\,1$	
C	110	2	1	1	F	2	2	5	2	1	1	+	$A\,2=G$	
	100		2	2	F	4	1	4		2	2	+	$A\,2=G$	$4\varphi_1+3\varphi_2$
	211	1		1	F	3	3	5	1		1	+	$A\,2=G$	$+6\varphi_3$
	310		1		S	4	2	6		1		+/0	$A\,1$	
	111			3	F	4	3	3			3	+	$A\,2=G$	
	321	1			S	3	3	6	1			+/0	$A\,1$	
	521			0	K	4	3	6	0			0	$A\,0$	

Anmerkungen zu Tab. 12. Spalte 1: R Reichweite der Kräfte; Voraussetzungen: $\varphi_1 > 0$ (A); $\varphi_1, \varphi_2 > 0$ (B); $\varphi_1, \varphi_2, \varphi_3 > 0$ (C). – Spalte 2: Flächenindizierung hkl. – Spalte 3: Anzahl der PBC-Vektoren r_1, r_2, r_3, die in bzw. parallel zur Fläche hkl liegen. – Spalte 4: Flächensymbol nach HARTMAN und PERDOK. – Spalte 5: φ_{ad} Anlagerungsenergie eines Bausteins auf der Fläche hkl; angegeben ist das KOSSEL-Schema $n_1/n_2/n_3/$. – Spalte 6: Die Differenz $\varphi_{1/2} - \varphi_{ad}$ gibt an, wieviel Bausteinketten erst-, zweit- und drittnächster Nachbarn in bzw. parallel zur Fläche hkl liegen, nämlich n_1, n_2 bzw. n_3 (Doppel- bzw. Zickzackketten treten nicht auf). – Spalte 7: ϱ ist die freie spezifische Randenergie. Es bedeutet + bzw. 0, daß die ϱ-Werte für alle Randrichtungen in der Fläche hkl positiv bzw. Null sind; +/0 soll andeuten, daß nur für eine Richtung Null, für alle übrigen dagegen positiv ist. – Spalte 8: Die den Wachstums- und Keimbildungsmechanismus symbolisierende Flächenbezeichnung. – Spalte 9: Abtrennarbeit aus der Halbkristallage $\varphi_{1/2} = (\varphi_{ad})_{max}$.

In Tab. 12a und b sind die für die Klassifizierung der Flächen der kubisch flächen- und raumzentrierten Gitter mit nichtpolarer Bindung notwendigen Größen zusammengestellt.

Betrachtet werden jeweils drei Fälle, die sich durch die Reichweite der Kräfte bis zu erst-, zweit- bzw. drittnächsten Nachbarn unterscheiden. Es sind also drei Gruppen von Bausteinketten bzw. PBC-Vektoren r_1, r_2 und r_3 zu unterscheiden: die Beträge r_1, r_2 und r_3 sind identisch mit den Abständen erst-, zweit- bzw. drittnächster Nachbarn (vgl. Abb. 73).

Für das kubisch flächenzentrierte Gitter findet man maximal 6 Ketten erstnächster, 3 Ketten zweitnächster und 12 Ketten drittnächster Nachbarn ($\varphi_{1/2} = 6\,\varphi_1 + 3\,\varphi_2 + 12\,\varphi_3$); für das kubisch raumzentrierte Gitter dagegen 4 Ketten erstnächster, 3 Ketten zweitnächster und 6 Ketten drittnächster Nachbarn ($\varphi_{1/2} = 4\,\varphi_1 + 3\,\varphi_2 + 6\,\varphi_3$).

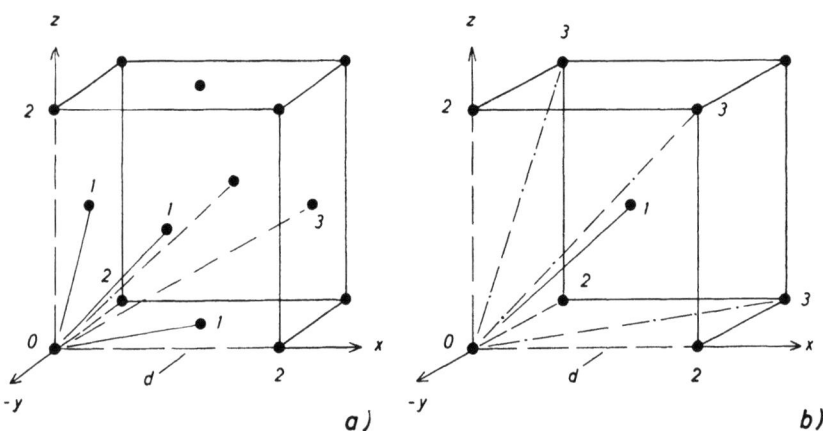

Abb. 73. Die Elementarzelle der kubisch-flächenzentrierten (a) und raumzentrierten (b) Gitter. Eingezeichnet sind die erst-, zwei- und drittnächsten Nachbarn der Bausteine mit den Koordinaten 0, 0, 0.

Die Bindungsenergie zwischen den Bausteinen der Ketten r_1, r_2 und r_3 werden nach STRANSKI mit φ_1, φ_2 und φ_3, nach HARTMAN und PERDOK mit a, b und c bezeichnet. In beiden Fällen wird angenommen, daß die Bindungsenergie proportional mit $1/r^6$ abfällt. Weitere Erläuterungen sind der Tab. 12 beigefügt. Das Ergebnis der Betrachtungen ist aus der Tabelle direkt ablesbar.

Aus diesen Ausführungen geht hervor, daß man bei nichtpolaren Substanzen die Methode von HARTMAN und PERDOK exakt auf die im ersten Abschnitt dieses Kapitels genannten Methoden und Regeln zurückführen kann. Für die heteropolaren Substanzen kann bisher nur die formale Übereinstimmung der Ergebnisse festgestellt werden. Bei den heteropolaren Substanzen versagt die Regel, daß jede Kette mit endlichen Bindungskräften zwischen den Bausteinen als Keimrand in Erscheinung treten kann (vgl. Abschn. VI, 1c). Daraus wird gefolgert, daß eine Einteilung der Flächen mittels PBC-Vektoren nicht ohne Zusatzannahmen möglich ist. Für die NaCl- und CsCl-Gitter erhält HARTMAN (1953) z. B. eine Einteilung in F-, S- und K-Flächen, die mit derjenigen in $A2$-, $A1$- und $A0$-Flächen sinngemäß übereinstimmt; es muß jedoch die Voraussetzung getroffen werden, daß nur Ketten erstnächster Nachbarn (PBC-Vektoren: $[\tfrac{1}{2}, 0, 0]$) zu berücksichtigen sind. Bei anderen heteropolaren Substanzgruppen werden unterschiedliche Voraussetzungen über die Zahl der zu berücksichtigenden Ketten (bzw. *PBC*-Vektoren) getroffen. Eine Diskussion der Ergebnisse (vgl. Tab. 2b) ist erst möglich, wenn auch für diese Substanzen eine Analyse des Keimbildungsmechanismus der Flächen durchgeführt worden ist.

6. Die Gleichgewichtsform in Gegenwart von Fremdatomen

Auf die qualitativen Folgerungen aus den Einflüssen von Gitterstörungen und Fremdstoffen auf Gleichgewichts- und Wachstumsformen ist mehrfach hingewiesen worden. Diese Betrachtungen sollen durch eine kurze Bemerkung über Gitterstörungen und mit dem Referat einer wichtigen Arbeit über den Einfluß adsorbierter Fremdstoffe auf die Gleichgewichtsform abgeschlossen werden. [vergl. auch HERRING (1952); FULLMAN (1957)]

Gitterstörungen an der Oberfläche werden immer die mittlere Abtrennarbeit beeinflussen und damit das Größenverhältnis der G-Flächen ändern. Ist die Zahl solcher Störungen (Korngrenzen, Versetzungslinien) gering, so wird die Tracht der Gleichgewichtsform erhalten bleiben. Wenn zahlreiche stärkere Störungen vorhanden sind, kann der Charakter einer G-Fläche verloren gehen. Rechenbeispiele liegen jedoch über den Einfluß von Gitterstörungen noch nicht vor.

Adsorbierte Fremdstoffe vermindern die freie Oberflächenenergie. Dies führt dann zu einer Änderung entweder des Größenverhältnisses der G-Flächen oder auch der Tracht (G_f-Flächen). In einer grundlegenden Arbeit hat STRANSKI (1956) dieses Problem diskutiert [vgl. auch HERZFELD (1930); BLIZNAKOW (1953, 1957); KLEBER (1957); KNACKE und STRANSKI (1957)].

STRANSKI hat seine Überlegungen an Hand des KOSSEL-Kristalls durchgeführt. Berücksichtigt wird nur die Bindungsenergie zwischen erstnächsten Nachbarn (φ_1), die hier mit φ_{aa} bezeichnet wird. Die Indizes „aa" sollen andeuten, daß es sich um eine Bindung arteigener Bausteine handelt. Als Fremdstoff wird ein einatomiges Gas gewählt, dessen Atome 3 Valenzen haben sollen, die aber nur an Gitterbausteinen abgesättigt werden können, und zwar in der in Abb. 74 dargestellten Weise; das

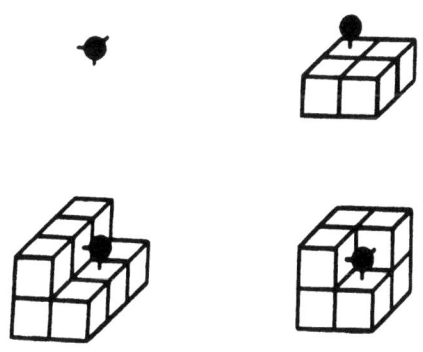

Abb. 74. Modell eines Gasatoms mit drei Adsorptionsvalenzen.
(Abb. 74-79 nach STRANSKI).

heißt mit anderen Worten, daß die Bindungsenergie zwischen zwei Fremdgasatomen (φ_{bb}) Null ist. Sinngemäß bezeichnet man die Bindungsenergie zwischen einem Gitterbaustein und einem Fremdgasatom mit φ_{ab}. Es ist ein weitgehend vereinfachtes Modell, das in der Natur sicher nicht realisiert ist. Es erlaubt jedoch, die Grundphänomene in einfacher und übersichtlicher Weise zu studieren.

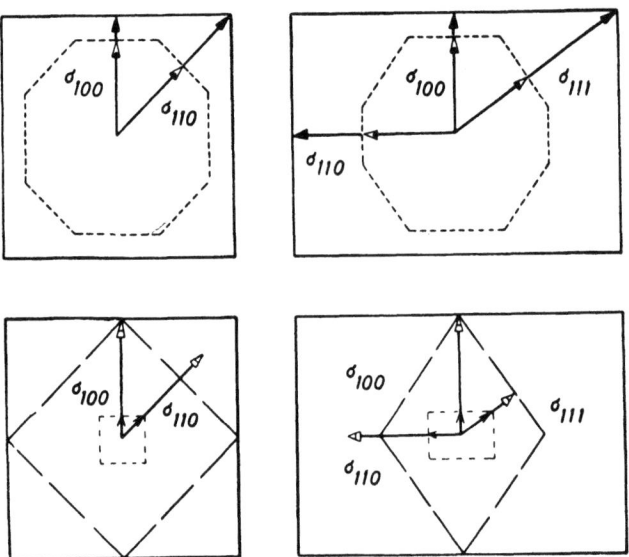

Abb. 75. Die WULFFsche Konstruktion für einen Kristall mit einfach kubischem Gitter und nichtpolarer Bindung ($\varphi_1 > 0$) unter dem Einfluß von unterschiedlichen Adsorptionsbedingungen (gestrichelte und strichpunktierte Linien). Die ausgezogenen Linien bezeichnen die Gleichgewichtsform ohne Adsorptionseinfluß (vgl. Abb. 61).

Wird vorausgesetzt, daß $\varphi_{ab} < \varphi_{aa}$, so kann mit einfachen Adsorptionsvorgängen gerechnet werden.

Die Gleichgewichtsform ist im reinen Fall bekanntlich ein Würfel. Adsorbierte Fremdstoffe haben eine Verminderung der σ-Werte zur Folge. In Abb. 75 sind einige der möglichen Fälle aufgezeichnet. Es ist also notwendig, die Größe der Abnahme der freien spezifischen Oberflächenenergie ($\Delta\sigma$) zu berechnen.

Aus der GIBBSschen Adsorptionsisotherme:

$$K = -\frac{n}{kT}\frac{d\sigma}{dn} \quad \text{bzw.} \quad \Delta\sigma = -kT \cdot K_0 \int\limits_{K_0}^{K} \frac{dn}{n}$$

Die Gleichgewichtsform in Gegenwart von Fremdatomen

und unter Berücksichtigung der LANGMUIRschen Gleichung

$$\frac{K}{K_0} = \frac{n}{C+n}; \quad C = K_0 \frac{\nu \exp.(-\lambda/kT)}{(kT/2\pi m)^{1/2}}$$

folgt die v. SZYSKOWSKIsche Beziehung:

$$\Delta\sigma = kT \cdot K_0 \ln\left(1 - \frac{K}{K_0}\right) \quad \text{(vgl. Abb. 76)};$$

Es bedeutet:

K = Anzahl der adsorbierten Atome pro cm^2;
K_0 = Adsorptionsplätze pro cm^2;
n = Gasatome pro cm^3 (Fremdgas);
ν = Schwingungsfrequenz;
λ = Adsorptionsenergie pro Atom;
m = Masse der adsorbierten Atome.

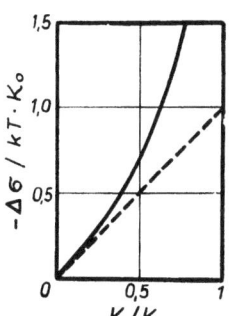

Abb. 76. Änderung der spezifischen freien Oberflächenenergie $\Delta\sigma$ in Abhängigkeit von der relativen Belegung K/K_0; maximale Belegung K_0 [Atome/cm^2].

Eine Abschätzung für die Flächen 001, 011 und 111 ergibt bei tieferen Temperaturen eine fast vollständige Belegung mit Fremdatomen; das bedeutet, daß die σ-Werte (aller drei Flächen) erheblich verkleinert werden. Dadurch wird die Gleichgewichtsform zwar bedeutend kleiner, kann jedoch unter Umständen geometrisch ähnlich bleiben. Mit steigender Temperatur kommt man jedoch in Bereiche, in denen sich die einzelnen Flächen wesentlich unterscheiden; z. B. können σ_{111} stark, σ_{011} wenig und σ_{001} gar nicht verändert werden. Dies kann zur Folge haben, daß 111 allein als Begrenzung der Gleichgewichtsform in Erscheinung tritt.

Für die einzelnen Flächen ergeben sich daher auch geänderte Wachstumsverhältnisse. Die Würfelfläche (Abb. 77a) ist im reinen Fall die einzige G-Fläche. Als solche ist ihr Wachstum, wie erläutert, mit einer zweidimensionalen Keimbildung verknüpft. Der zweidimensionale Keim ist, wie bereits abgeleitet wurde, quadratisch und die spezifische Randenergie beträgt

$$_{001}\varrho_{011} = \frac{\varphi_{aa}}{2d} - \sigma_{001} \cdot d; \quad \sigma_{001} = \frac{\varphi_{aa}}{2d^2}.$$

(d = Gitterkonstante)

Dieser Wert verringert sich, wenn Fremdatome adsorbiert sind*):

$$_{001}\varrho'_{011} = \sigma_{001} \cdot d - |\Delta\sigma_{011}| \cdot \sqrt{2} \cdot d + |\Delta\sigma_{001}| d.$$

---

*) Die Formeln für die ϱ'-Werte wurden gegenüber den Angaben der Originalarbeit geändert (nach Diskussionen mit I. N. STRANSKI, H. HEYER und R. LACMANN).

Die Indizierung wurde so vorgenommen, daß links von ϱ die Indizes der betrachteten Fläche geschrieben werden, rechts dagegen die Indizes der Fläche, deren Kombinationskante mit der Grundfläche parallel zum Rand verläuft, und die energetisch für das Verhalten des Randes maßgebend ist.

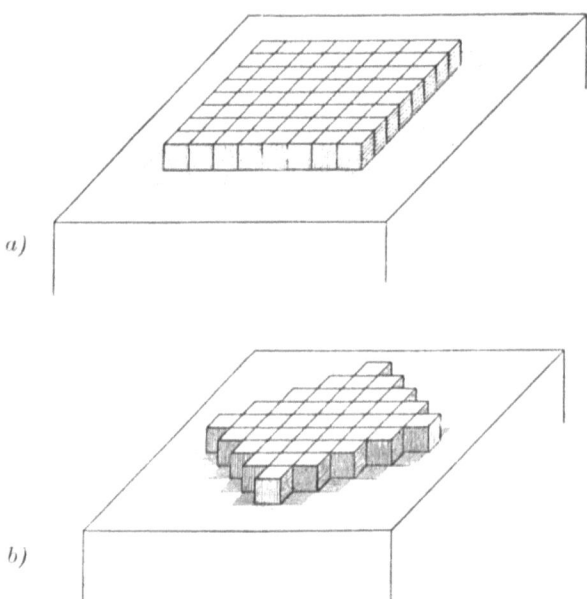

Abb. 77. Flächenkeime auf der Würfelfläche 100. Die Stärke der Schraffur deutet die Stärke der Belegung mit adsorbierten Fremdatomen an.

Es kann nunmehr auch ein anderer Rand entstehen (Abb. 77b), dessen ϱ-Wert im reinen Zustand zu groß ist, um in Erscheinung zu treten:

$$_{001}\varrho_{111} = \sigma_{001} \cdot d\sqrt{2}.$$

Durch Adsorption wird dieser Wert verringert:

$$_{001}\varrho'_{111} = \sigma_{001} \cdot \sqrt{2} \cdot d - |\varDelta\sigma_{111}|\frac{\sqrt{3}}{\sqrt{2}} \cdot d + |\varDelta\sigma_{001}|\frac{d}{\sqrt{2}}.$$

Dieser Rand wird also in Erscheinung treten, wenn $|\varDelta\sigma_{111}| > 0$ und wenn $|\varDelta\sigma_{111}|\sqrt{3} > |\varDelta\sigma_{001}|$. Bei stärkerer Adsorption auf 111 kann er den Flächenkeim allein begrenzen. Bei starker Adsorption kann der Flächenkeim schließlich in ein einzelnes Atom entarten, d. h. die Fläche 001 gehört dann nicht mehr zur Gleichgewichtsform.

Die Gleichgewichtsform in Gegenwart von Fremdatomen

Die reine 011-Fläche (Abb. 78) wächst über eindimensionale Keime, da:

$$_{011}\varrho_{001} = 0 \quad \text{und} \quad _{011}\varrho_{111} = \sigma_{011} \cdot \frac{d}{2}.$$

Bei Anwesenheit adsorbierter Fremdatome wird:

$$_{011}\varrho'_{001} = |\varDelta\sigma_{011}|\frac{d}{\sqrt{2}} - |\varDelta\sigma_{001}| \cdot d;$$

$$_{011}\varrho'_{111} = \sigma_{011} \cdot \frac{d}{2} - |\varDelta\sigma_{111}|\frac{\sqrt{3}}{\sqrt{2}}d + |\varDelta\sigma_{011}| \cdot d.$$

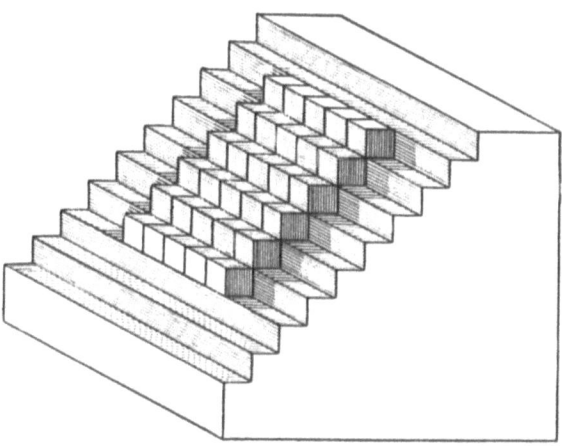

Abb. 78. Flächenkeim auf der Rhombendodekaederfläche 011 (vgl. Bemerkung zu Abb. 77).

Das bedeutet, daß innerhalb eines bestimmten Temperatur- und Fremdgasdruckbereiches eine zweidimensionale Keimbildung erforderlich ist [011 ist dann eine G_f-Fläche].

Auch die 111-Fläche gehört im reinen Zustand nicht zur Gleichgewichtsform, da alle ϱ-Werte Null sind. Im Fall einer Adsorption erhält man jedoch zwei Randrichtungen (Abb. 79a und b) mit positiven ϱ'-Werten[*]:

---

[*] Führt man die Berechnung durch Trennen einer 111-Netzebene durch, so erhält man für den $\varDelta\sigma_{111}$-Term einen Mittelwert, da bei der Trennung zwangsläufig die beiden unterschiedlichen Ränder entstehen. Um die Einzelwerte zu erhalten, kann man so vorgehen, daß man einen Kristallblock auf zweierlei Art trennt:
1.) Trennfläche ist die 111-Netzebene und
2.) „Trennfläche" ist eine 111-Netzebene mit einer Netzebeneninsel (vgl. Abb. 79).
Die Energiedifferenz als Folge der unterschiedlichen Adsorptionsbedingungen im Fall 1 und 2, bezogen auf die sechs bei der Trennung entstandenen Ränder (3 Ränder auf der einen, 3 Ränder auf der anderen „Trennfläche") ergibt die nachfolgend genannten ϱ'-Werte.

$$_{111}\varrho'_{001} = |\varDelta\sigma_{111}| \frac{d}{\sqrt{3}\sqrt{2}} - |\varDelta\sigma_{001}| \frac{d}{\sqrt{2}} \quad \text{(Abb. 79a)}$$

$$_{111}\varrho'_{011} = |\varDelta\sigma_{111}| \frac{2d}{\sqrt{3}\sqrt{2}} - |\varDelta\sigma_{011}| \cdot d \quad \text{(Abb. 79b)}$$

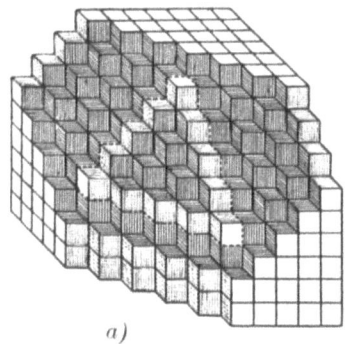
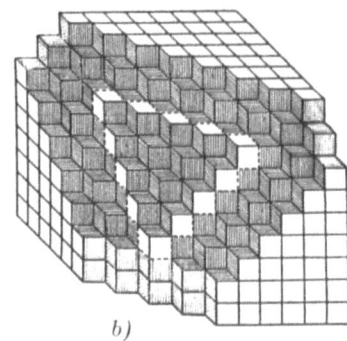

Abb. 79. Flächenkeime auf der Oktaederfläche 111 (vgl. Bemerkungen zu Abb. 77).

Es bleibt zu überlegen, ob noch weitere Flächen in den Kreis der Betrachtungen einbezogen werden müssen. Grundsätzlich kann folgendes festgestellt werden: eine starke Bindung eines Fremdatoms (bzw. Moleküls) setzt eine bestimmte Bausteingruppierung voraus. Da aber andererseits eine starke Adsorption mit der Tendenz nach einer möglichst großen Flächendichte derartiger Gruppierungen verbunden ist, ergibt sich für die infolge der Adsorption neu auftretenden Flächen auch stets eine verhältnismäßig niedere Indizierung. Auf Grund der gemachten Voraussetzung hinsichtlich Gestalt und Bindungsmöglichkeiten des Fremdatoms ergibt sich 111 als selektiv adsorbierende Fläche. Auch die dazugehörenden Vizinalflächen werden noch ein verhältnismäßig starkes Adsorptionsvermögen zeigen, das aber mit zunehmendem Winkelabstand stark abfällt. Die parallel zur Würfelkante verlaufende Zone ist mit einem besonders geringen Adsorptionsvermögen ausgezeichnet. Von den dazugehörigen Flächen hat 011 das größte und 001 das geringste Adsorptionsvermögen. Aus diesen Überlegungen folgt, daß nur die drei untersuchten Flächen als Gleichgewichtsflächen möglich sind.

Es muß noch erwähnt werden, daß bei dem behandelten Beispiel auf Grund der energetischen Verhältnisse hauptsächlich die gehemmte oder aktivierte Adsorption in Frage kommt. Die damit verbundenen Komplikationen wurden durch die Wahl einatomiger „Gasmoleküle" vermieden. Im Normalfall (bei mehratomigen Molekülen) würden derartige Vorgänge wegen der damit verbundenen Aktivierungsenergien nur bei entsprechend höheren Temperaturen genügend schnell ablaufen. Das Kristallwachstum wird durch Verringerung der zweidimensionalen Keimbildungsarbeit beschleunigt, gleichzeitig durch die notwendigen Vorgänge eines Bindungsaustausches zwischen Kristallbausteinen und adsorbierten Molekülen gehemmt.

Die bisher vorherrschende Meinung, daß eine selektiv adsorbierende Fläche deshalb an der Kristallform erscheint, weil sie beim Wachstum sterisch gehindert wird, ist nicht korrekt. Eine sterische Hinderung ist sowohl an den stark adsorbierenden als auch an den von adsorbierten Molekülen freien Flächen im gleichen Ausmaße vorhanden. Die sterische Behinderung ist immer nur an der Berandung des jeweiligen Netzebenenkeims wirksam, und diese ergibt sich für alle (G-)Flächen als gleich groß.

Kapitel VII

Schlußbemerkung

In der vorliegenden Schrift wurde gezeigt, daß es notwendig ist, die physikalisch-chemischen Erörterungen der Probleme des Kristallwachstums auf die GIBBSsche Bedingung zurückzuführen. Dabei muß der Zusammenhang zwischen Gleichgewichts- und Wachstumsformen, der durch VOLMER und insbesondere durch STRANSKI aufgeklärt wurde, berücksichtigt werden. Dieser Standpunkt wurde konsequent vertreten und diente als Richtschnur für die Auswahl der zu besprechenden Arbeiten. Eine Auswahl war notwendig, um ein vorgegebenes Format nicht zu überschreiten. Aus diesem Grunde blieben z. B. Arbeiten unerwähnt, in denen versucht wird, die Form wachsender Kristalle allein oder vorwiegend auf die Gittersymmetrie zurückzuführen [BRAVAIS (1866), NIGGLI, (1924), DONNAY und HARKER (1937)] und auch solche, in denen Kristallgleichgewichtsformen rein thermodynamisch interpretiert werden, ohne die Betrachtungen an Gittermodellen zu berücksichtigen.

Von der in der Entwicklung begriffenen Theorie des *realen* Kristallwachstums wurden die wichtigsten Gesichtspunkte erwähnt. Es wurde versucht zu zeigen, daß ein Fortschritt auf der Grundlage der Theorie von GIBBS, KOSSEL, STRANSKI und VOLMER durch schrittweise Abänderung der stark idealisierten Voraussetzungen erreicht werden kann. Als ein Beispiel dafür wurde die Arbeit von STRANSKI angeführt, in der der Einfluß adsorbierter Fremdstoffe auf die Gleichgewichtsform eines idealen Kristalls diskutiert wird. Auch die Arbeiten von BURTON, CABRERA und FRANK wurden unter diesem Gesichtspunkt betrachtet. Sie berücksichtigen bei der Berechnung der Wachstumsgeschwindigkeit die Einflüsse von Schraubenversetzungen und von Oberflächendiffusionsvorgängen und übernehmen im wesentlichen unverändert die übrigen Voraussetzungen der Theorie des Wachstums idealer Kristalle.

Literaturverzeichnis

AMELINCKX, S., Growth Mechanism of Carborundum Crystals. Nature **168**, 431 (1951).

AMELINCKX, S., Growth Spirals Originating from Screw Dislocations on Gold Crystals. Philos. Mag. **43**, 562—567 (1952).

AMELINCKX, S., Growth Spirals and their Relation to Crystal Habit as Illustrated by Apatite. Nature (London) **170**, 760—761 (1952).

AMELINCKX, S., Spiral Growth Patterns on Apatite Crystals. Nature (London) **169**, 841—842 (1952).

AMELINCKX, S., Growth Spirals on Crystals of Long Chain Compounds. Naturw. **40**, 620—621 (1953).

ANDERSON, N. G. u. I. M. DAWSON, The Study of Crystal Growth with the Electron Microscope. III. Growth-step Patterns and the Relationship of Growth-step Height to Molecular Structure in n-Nonatriacontane and in Stearic Acid. Proc. roy. Soc., Lond. — Ser. A: Math. a. physic. **218**, 255—268 (1953).

ARTEMIEW, D. N., Die Kristallisation der Kugeln als eine besondere Methode der kristallographischen Forschung. Z. Krist. **48**, 417—433 (1911).

BENTIVOGLIO, M., An Investigation of the Rate of Growth of Crystals in Different Directions. Proc. roy. Soc., Lond. — Ser. A: Math. a. physic. **115**, 59—87 (1927).

BLISNAKOW, G., Einfluß der Adsorption auf die Gleichgewichtsform und die Keimbildungsarbeit von Kristallen. C. r. Acad. bulgare Sci. **6**, Nr. 2, 13—16 (1953).

BLISNAKOW, G. u. E. KIRKOWA, Der Einfluß der Adsorption auf das Kristallwachstum. Z. physik. Chem. **206**, 271 (1957).

BOOTH, A. H. u. H. E. BUCKLEY, Growth Rates of Single Crystals of Ethylene Diamine-d-tartrate (E.D.T): Flawed Growth and its Inhibition by Boric Acid. Nature **169**, 367—368 (1952).

BORN, M. u. M. GÖPPERT-MAYER, Dynamische Gittertheorie der Kristalle. Handbuch der Physik. Herausg. GEIGER u. SCHEEL. Teil 2, 24 (Berlin 1033), Kap. 4, S. 623—794.

BORN, M. u. O. STERN, Über die Oberflächenenergie der Kristalle und ihren Einfluß auf die Kristallgestalt. Ber. Berliner Akademie **48**, 901—913 (1919).

BRADISTILOV, G. u. I. N. STRANSKI, Über die Gleichgewichtsform des Fluoritkristalls. Z. Krist. **103**, 1—29 (1941).

BRANDES, H., Zur Theorie des Kristallwachstums. Z. phys. Chem. (A) **126**, 196—210 (1927).

BRANDES, H. u. M. VOLMER, Zur Theorie des Kristallwachstums. Z. physik. Chem. (A) **155**, 466—470 (1931).

BRAVAIS, A., Études Cristallographiques (Paris 1866).

BRIDGMAN, P. W., Physical Properties of Single Crystals of Tungsten, Antimony, Bismuth, Tellurium, Cadmium, Zinc and Tin. Proc. amer. Acad. Arts Sci. **60**, 305—383 (1925).
BROWN, F. C., The Crystal Forms of Metallic-Selenium and Some of their Physical Properties. Physic. Rev. **2**, Ser. IV, 85—98 (1914).
BUCKLEY, H. E., Crystal Growth (New York 1951). (London.)
BUNN, C. W., Adsorption, Oriented Overgrowth and Mixed Crystal Formation. Proc. roy. Soc., Lond. — Ser. A: Math. a. physic. **141**, 567—593 (1933).
BUNN, C. W. u. H. EMMETT, Crystal Growth from Solution I. Layer Formation on Crystal Faces, II. Concentration Gradients and the Rates of Growth of Crystals. Discuss. Faraday Soc. **5**, 119 u. 132—144 (1949).
BURTON, W. K. u. N. CABRERA, Crystal Growth and Surface Structure. Discuss. Faraday Soc. **5**, 33—48 (1949).
BURTON, W. K., N. CABRERA u. F. C. FRANK, The Growth of Crystals and the Equilibrium Structure of their Surfaces. Phil. trans. roy. Soc., Lond. Ser. A **243**, 299—358 (1951).
CURIE, P., Bull. Soc. minéralog. France **8**, 145 (1885).
DANA'S System of Mineralogy. CH. PALACHE, H. BERMAN u. C. FRONDEL, The System of Mineralogy of J. D. u. E. S. DANA, Band I (New York, London 1955), VII. Auflage.
DANILOW, W. I. u. W. I. MALKIN, Experimentelle Prüfung der Theorie des Kristallwachstums und Beziehung der Gleichgewichtsform zu den Wachstumsformen. J. physik. Chem. **28**, 1837—1844 (1954) (russisch).
DAWSON, I. M. u. V. VAND, Observation of Spiral Growth-Steps in n-Paraffin (n-Hexatriacontane $C_{36}H_{74}$) Single Crystals in the Electron Microscope. Nature (London) **167**, 476 (1951); Proc. roy. Soc., Lond. Ser. A: Math. a. physic. **206**, 555—562 (1951).
DAWSON, I. M., The Study of Crystal Growth with the Electron Microscope. II. The Observation of Growth Steps in the Paraffin n-Hectane. Proc. roy. Soc., Lond. Ser. A: Math. a. physic. **214**, 72—79 (1952).
DEKEYSER, W. u. S. AMELINCKX, Les Dislocations et la Croissance des Cristaux, 1—184 (Paris 1955).
DINGHAS, A., Über einen geometrischen Satz von WULFF für die Gleichgewichtsform von Kristallen. Z. Krist. **105**, 304 (1943).
DONNAY, J. D. H. u. D. HARKER, A New Law of Crystal Morphology Extending the Law of Bravais. Amer. Mineralogist **22**, 446—467 (1937).
DRECHSLER, M. u. R. VANSELOW, Untersuchung der Temper- und Wachstumsformen einiger Metall-Einkristalle mit dem FEM. Z. Krist. **107**, 161—181 (1956).
DUNNING, W. J., Theory of Crystal Nucleation from Vapor, Liquid and Solid Systems; in 'Chemistry of the Solid State' von W. E. GARNER, 159—183 (New York 1955).
ERDEY-GRÚZ, T., Über das elektrolytische Wachstum der Metallkristalle. I. Wachstum von Silberkristallen aus wäßrigen Lösungen. Z. physik. Chem. (A) **172**, 157—187 (1935).

ERDEY-GRÚZ, T. u. R. F. KARDOS, Über das elektrolytische Wachstum der Metallkristalle. II. Wachstum von Ag-Kristallen aus geschmolzenen Salzen. Z. physik. Chem. (A) **178**, 255—265 (1937).

ERDEY-GRÚZ, T. u. E. FRANKL, Über das elektrolytische Wachstum von Metallkristallen. III. Wachstum von Cu-Kristallen aus waßrigen Losungen. Z. physik. Chem. (A) **178**, 266—273 (1937).

FENIMORE, C. P. u. A. THRAILKILL, The Mutual Habit Modification of Sodium Chloride and Dipolar Ions. J. amer. chem. Soc. **71**, 2, 2714—2717 (1949).

FISCHER, H., Zusammenhänge zwischen Entstehungsbedingungen und Form elektrolytisch gewachsener Metallkristalle. Z. Metallkunde **39**, 161—170 (1948).

FISCHER, H., Elektrolytische Abscheidung und Elektrokristallisation von Metallen (Berlin-Göttingen-Heidelberg 1954).

FORTY, A. J., Observation of Growth of Cadmium Iodide from Aqueous Solution. Philos. Mag. (7) **42**, 670—672 (1951).

FORTY, A. J., The Growth of Cadmium Iodide Crystals. I. Dislocations and Spirals Growth. Philos. Mag. **43**, 72—81 (1952). II. The Study of the Heights of Growth Steps on Cadmium Iodide. Philos. Mag. **43**, 377—392 (1952).

FORTY, A. J., Growth Spirals on Mg-Crystals. Philos. Mag. **43**, 481—483 (1952).

FORTY, A. J., The Growth of Crystals of the Hexagonal Metals from their Vapours. Philos. Mag. **43**, 949—957 (1952).

FORTY, A. J. u. F. C. FRANK, Growth and Slip Patterns on the Surfaces of Crystals of Silver. Proc. roy. Soc., Lond. Ser. A: Math. physic. **217**, 262—270 (1953).

FORTY, A. J., Direct Observations of Dislocations in Crystals. Advances in Physics **3**, 1—25 (1954).

FRANCE, W. G., Crystal Structure and Adsorption from Solution. Colloid Sympos. Monogr. **7**, 59—87 (1930).

FRANÇON, M., R. GENTY u. F. TABOURY, Étude des conclus monomoléculaires par contraste de phase. C. r. Paris **230**, 2082—2084 (1950).

FRANÇON, M., Interférence par double réfraction en lumière blanche. Rev. Opt. théor. instrument **31**, 65—86 (1952).

FRANÇON, M., Interférences, diffraction et polarisation. Handbuch Physik **24**, 171—460 (1956).

FRANK, F. C., The Influence of Dislocations on Crystal Growth. Discuss. Faraday Soc. **5**, 48—54 (1949).

FRANK, F. C., Crystal Growth and Dislocations. Advances Physics **1**, 91—109 (1952).

FRONDEL, C., Crystal-habit Variation in Sodium Fluoride. Amer. Mineralogist **25**, 338—356 (1940).

FULLMAN, R. L., The Equilibrium Form of Crystalline Bodies. Report No. 52-RL-1717 April (1957) General Electric Research Lab., published by Research Inform. Sect. The Knolls Schenectady, N. Y.

GEIST, D., Untersuchungen an Zn-Sublimationskristallen. Acta Crystallogr. **2**, 13—14 (1949); Physik. Ber. **29**, 1156 (1950).

GIBBS, J. W., Thermodynam. Studien (Leipzig 1892). Original Arbeit: 1878.
GILLE, F. u. K. SPANGENBERG, Beiträge zur Trachtbeeinflussung des NaCl durch Harnstoff als Lösungsgenossen. Z. Krist. **65**, 204—250 (1927).
GRAF, L., Zum Aufbau der Metallkristalle. Z. Elektrochem. angew. physik. Chem. **48**, 181—210 (1942).
GRAF, L., Das Lamellenwachstum der Kristalle. 1. Mitt. Z. Metallkunde **42**, 336—340 (1951); 2. Mitt. Z. Metallkunde **42**, 401—409 (1951).
GRIFFIN, L. J., Microscopic Studies of Beryll Crystals. Philos. Mag. (7) **42**, 775—786 (1951). Dislocations and the Growth of ($10\bar{1}0$) Prism Faces. Philos. Mag. (7) **42**, 1337—1352 (1951).
GROTH, P., Physikalische Kristallographie und Einleitung in die kristallographische Kenntnis der wichtigsten Substanzen, 4. Aufl. (Leipzig 1905).
GROTH, P., Chemische Kristallographie, I. Teil (Leipzig 1906).
GROTH, P., Chemische Kristallographie, 2. Teil (Leipzig 1908),
GUNTZ, A. u. H. BASSETT jr., Über die Sublimation des Platins unterhalb seines Schmelzpunktes. Bull. Soc. Chim. Paris (3) **33**, 1306—1308 (1905); vgl. Chem. Zbl. **1906**, 440.
HARTMAN, P. u. W. G. PERDOK, Eine Theorie der Kristallmorphologie. Proc. Kon. nederl. Akad. Wetensch. Ser. B **60**, 134—139 (1952).
HARTMAN, P., Relations between Structure and Morphology of Crystals. Dissertation, Reichsunivers. Groningen **1953**, 1—158.
HARTMAN, P. u. W. G. PERDOK, On the Relations Between Structure and Morphology of Crystals. I. Acta Crystallogr. **8**, 49—52 (1955). II. Acta Crystallogr. **8**, 521—524 (1955). III. Acta Crystallogr. **8**, 525—529 (1955).
HARTMAN, P. u. W. G. PERDOK, Über die Beziehungen zwischen Morphologie und Struktur des Cuprit. N. Jb. Mineralog. Mh. **5**, 97—105 (1955).
HENDRICKS, S. B. u. C. BILICKE, The Space-Groups and Molecular Symmetry of β-Benzene Hexabromide and Hexachloride. J. amer. chem. Soc. **48**, 3007 bis 3015 (1926).
HERRING, C., The Use of Classical Macroscopic Concepts in Surface-Energy Problems, in: 'Structure and Properties of Solid Surfaces', 5—72 (Chicago 1952).
HERZFELD, K. F., The Influence of Adsorption on the Growth of Crystal Surfaces. Colloid Sympos. Monogr. **7**, 51—57 (1930).
HINTZE, C., Handbuch der Mineralogie (Berlin und Leipzig 1889—1939).
HOLDEN, A. N., Growing Single Crystals from Solution. Discuss. Faraday Soc. **5**, 312—315 (1949).
HOLLOMON, J. H. u. D. TURNBULL, Nucleation. Progress in Metal Physics **4**, 333—388 (1953).
HONIGMANN, B., K. MOLIÈRE u. I. N. STRANSKI, Über den Gultigkeitsbereich der THOMSON-GIBBSschen Gleichung. Ann. Physik (6) **1**, 181—189 (1947).
HONIGMANN, B., E. W. MÜLLER u. I. N. STRANSKI, Die Wachstumsform des Wolframs und die Gleichgewichtsform kubisch raumzentrierter Kristalle. Z. physik. Chem. (A) **196**, 6—11 (1950).

HONIGMANN, B. u. I. N. STRANSKI, Trachtänderung von Hexamethylentetraminkristallen bei konstanter Temperatur und unter dem Einfluß von Temperaturschwankungen. Z. Elektrochem. **56**, 338 bis 342 (1952).

HONIGMANN, B., Trachtänderung von NaCl-Kristallen in gesättigter Lösung unter dem Einfluß von Temperaturschwankungen. Z. Elektrochem. **56**, 342–345 (1952).

HONIGMANN, B., Züchtung größerer Einkristalle von Hexamethylentetramin aus der Dampfphase. Z. Elektrochem. **58**, 322—327 (1954).

HONIGMANN, B. u. H. HEYER, Messung der Wachstumsgeschwindigkeit einzelner Flächen an Hexamethylentetramin-Kristallen. Z. Krist. **106**, 199—212 (1955).

HONIGMANN, B. u. H. HEYER, Über die Abhängigkeit der Wachstumsgeschwindigkeit von der Übersättigung. Messungen an Hexamethylentretramin-Kristallen. Z. Elektrochem. **61**, 74—79 (1957).

HORN, F. H., Spiral Growth on Graphite. Nature (London) **170**, 581 (1952).

HULETT, G. A., Beziehungen zwischen Oberflächenspannung und Löslichkeit. Z. physik. Chem. (A) **37**, 385—406 (1901).

JAHNKE, E. u. F. EMDE, Funktionentafeln mit Formeln und Kurven (Leipzig und Berlin 1909).

JOHNSEN, A., Wachstum und Auflösung der Kristalle (Leipzig 1910).

JOHNSEN, A., Optisches Drehungsvermögen von Lithiumsulfatmonohydrat. Zbl. Min. und Geol. **1915**, 233—243.

KAHLBAUM, G. W. A., K. ROTH u. PH. SIEDLER, Über Metalldestillation und über destillierte Metalle. Z. anorg. allg. Chem. **29**, 177—294 (1902).

KAISCHEW, R., L. KEREMIDTSCHIEW u. I. N. STRANSKI, Über Wachstumsvorgange an Kadmium- und Zinkkristallen und deren Bedeutung für die Ermittlung der zwischen den Gitteratomen wirksamen Kräfte. Z. Metallkunde **34**, 201—205 (1942).

KAISCHEW, R., Über die Gleichgewichtsform und über den Wachstums- und Abbaumechanismus homöopolarer Kristalle. Jahresbericht der Univ. Sofia, physik.-math. Fak. **43**, 99—113 (1946/47).

KAISCHEW, R., E. BUDEWSKI u. J. MALINOWSKI, Elektrolytische Wachstumsformen von kugelförmigen Silbereinkristallen. C. r. Acad. bulgare Sci. **2**, Nr. 2 und 3, 29—31 (1949).

KAUFMANN, W. u. P. SIEDLER, Verdampfung von Mg im Vakuum. Z. Elektrochem. angew. physik. Chem. **37**, 492—497 (1931).

KEEPIN, G. R., On the Growth of Metallic Crystals from the Vapor Phase. J. appl. Physics **21**, 260—261 (1950).

KERN, E. u. H. PICK, Oberflächenstrukturen beim Verdampfen von Alkalihalogenideinkristallen. Z. Physik **134**, 610—617 (1953).

KERN, R., Influence de la vitesse d'évaporation de solutions aqueuses d'Halogénures alcalins sur le faciès des cristaux précipités 1). C. r. Paris **234**, 970 bis 971 (1952).

KERN, R., Influence de la vitesse d'évaporation de solutions non aqueuses d'halogénures alcalins sur le faciès des cristaux obtenus 2). C. r. Paris **234**, 1379—1380 (1952).

KERN, R., Influence de la vitesse d'évaporation de solutions d'halogenures du type CsCl sur le faciès des cristaux obtenus 3). C. r. Paris **234**, 1696—1697 (1952).

KERN, R. u. M. TILLMANN, Faciès de cristaux, influence du degré de sursaturation des eaux-mères et des impuretés (5). C. r. Paris **236**, 942—944 (1953).

KERN, R., Faciès des cristaux fonction de la sursaturation des eaux mères. C. r. Paris **236**, 830—833 (1953).

KERN, R., Étude du faciès de quelques cristaux ionique à structure simple. I. Mitt.: Bull. Soc. franç. Minéralog. Cristallogr. **76**, 325—364 (1953). II.Mitt. Influence des compagnons de cristallisation sur le faciès des cristaux. Bull. Soc. franç. Minéral. Cristallogr. **76**, 391—414 (1953).

KERN, R., Influence du milieu de croissance sur la correspondance entre morphologie et structure cristalline. — Interaction du cristal et du solvant. I.: Bull. Soc. franç. Minéral. Cristallogr. **78**, 461—474 (1955). II.: Résultats expérimenteaux. Bull. Soc. franç. Minéral. Cristallogr. **78**, 497—520 (1955).

KERN, R. u. J.-C. MONIER, Interprétation des formes charactéristiques des cristaux appartenant aux mériédries non centrées. I.: Limitations des précédentes théories dans l'explication des formes cristallines, structures superficielles des cristaux. Bull. Soc. franç. Minéral. Cristallogr. **78**, 585—597 (1955). II.: Théorie qualitative. Bull. Soc. franç. Minéral. Cristallogr. **79**, 129—145 (1956). III.: Vérification expérimentale. Bull. Soc. franç. Mineral. Cristallogr. **79**, 495—514 (1956).

KLEBER, W., Die strukturtheoretische Diskussion kristallmorphologischer Fragen. Fortschr. Mineralog. Kristallogr. Petrogr. **21**, 169—224 (1937).

KLEBER, W., Gitterenergie und Ionenanlagerung beim heteropolaren Gitter vom CsCl-Typ. Zbl. Mineralog. Geol. Paläontol. Abt. A, 353—359 (1938).

KLEBER, W., Die Potentiale von Ionenketten und ihre kristallographische Bedeutung. Neues Jb. Mineral., Geol. Paläont. Abt. A **75**, 72—89 (1939).

KLEBER, W., Die Korrespondenz zwischen Morphologie und Struktur der Kristalle. Naturwiss. **42**, 170—173 (1955).

KLEBER, W., Über die Entstehung von Mikrostufen und Vizinalhugeln beim Kristallwachstum. Neues Jb. Mineral., Geol. Paläont. **11**, 251—263 (1955).

KLEBER, W., Über flächenspezifische Adsorption und Solvatation; Z. physik. Chemie **206**, 327—338 (1957).

KLEBER, W., Zur Adsorptionstheorie der Exomorphose, Z. Krist. **109**, 115—128 (1957).

KLIJA, M. O., Erzeugung eines Gleichgewichtstropfensystems Kristall-Lòsung. Ber. Akad. Wiss. UdSSR **100**, 259—262 (1955) (russisch).

KNACKE, O., Beiträge zur Theorie der Keimbildung. Z. Physik **130**, 259—268 (1951).

KNACKE, O. u. I. N. STRANSKI, Die Theorie des Kristallwachstums. Ergebn. exakt. Naturwiss. **26**, 383—427 (1952).

KNACKE, O. u. I. N. STRANSKI, Kristalltracht und Adsorption. Z. Elektrochem. **60**, 816—822 (1956).

KOSSEL, W., Zur Theorie des Kristallwachstums. Nachr. Ges. Wiss. Göttingen Math.-physik. Klasse **1927**, 135—143.

KOSSEL, W., Die molekularen Vorgänge beim Kristallwachstum. Leipziger Vorträge (Leipzig 1928).

KOSSEL, W., Die Beobachtung von Kristallkugeln als Forschungsmittel für Oberflächenvorgänge. Aus „Zur Struktur und Materie der Festkörper". Diskussionstagung der D. M. G. 56—95 (Berlin-Göttingen-Heidelberg 1952).

KRUG, W., Bessere Wiedergabe der Oberflächenstruktur durch Zweistrahl- als durch Mehrstrahlinterferenzen. Feingerätetechnik **4**, 167—169 (1955).

KRUGER, F. u. W. FINKE, Kristallisationsvorrichtung. Patentschrift Nr. 228 246, Kl. 12 c.

KYROPOULOS, S., Ein Verfahren zur Herstellung großer Kristalle. Z. anorg. allg. Chem. **154**, 308—313 (1926).

LAU, E. u. W. KRUG, Die Äquidensitometrie, 1—99 (Berlin 1957).

v. LAUE, M., Der Wulff'sche Satz für die Gleichgewichtsform von Kristallen. Z. Krist. **105**, 124—133 (1943).

LEIDHEISER, H. jr. u. A. T. GWATHMEY, The Influence of Crystal Face on the Electrochemical Properties of a Single Crystal of Copper. Trans. electrochem. Soc. **91**, 95—106 (1947).

LEIDHEISER, H. jr. u. A. T. GWATHMEY, Bright Nickel Plating on Metallic Single Crystals in the Absence of Addition Agent. J. electrochem. Soc. **98**, 225—230 (1951).

LEISEGANG, S., Elektronenmikroskopie. Handbuch Physik **33**, 396—545 (1956).

LEMMLEIN, G., Sekundäre Flussigkeitseinschlusse in Mineralien. Z. Krist. **71**, 237—256 (1929).

LEMMLEIN, G., Über die Bedingungen der experimentellen Gewinnung von Kristallen der Gleichgewichtsform. Ber. Akad. Wiss. UdSSR (N.S.) **98**, 973—974 (1954) (russisch).

MADELUNG, E., Das elektrische Feld in Systemen von regelmäßig angeordneten Punktladungen. Physik. Z. **19**, 524—533 (1918).

MARCELIN, R., Experimentelle Untersuchungen über die Entwicklung der Kristalle. Ann. Physique (9) **10**, 185—188 (1918); vgl. Chem. Zb. **1919**, 685.

MARCELIN, A. u. S. BOUDIN, Stratifications colorées par sublimation. I.: C. r. Paris **190**, 1496—1497 (1930). II.: C. r. Paris **191**, 31—33 (1930).

MARK, H., Über die Anwendung der Rontgenkristallanalyse auf organische Strukturfragen. Ber. Dtsch. Chem. Ges. (B) **57**, 1820—1827 (1924).

MENTER, J. W., The direct Study by Electron Microscopy of Crystal Lattices and their Imperfections. Proc. roy. Soc., Lond. Ser. A: Math. a. physic. **236**, 119—135 (1956).

MENZEL, E., Phasenkontrastverfahren; Physikertagung Wiesbaden, Hauptvorträge, 138—150 (Mosbach 1956).

MOLIÈRE, K. u. D. WAGNER, Herstellung von Einkristallen hochschmelzender Metalle durch thermische Zersetzung von Halogeniddämpfen. Z. Elektrochem. **61**, 65—69 (1957).

MOLIÈRE, K., W. RATHJE u. I. N. STRANSKI, Surface Structures of Ionic Crystals. Discuss. Faraday Soc. 5, 21—32 (1949).
MOORE, R. W., A Method of Growing Large Perfect Crystals from Solution. J. amer. chem. Soc. 41, 1060—1066 (1919).
MÜLLER, E. W., Oberflächenwanderung von Wolfram auf dem eigenen Kristallgitter. Z. Physik 126, 642—665 (1949).
MÜLLER, E. W., I. N. STRANSKI u. E. SZABO DE BUCS, Kristallisation von Kupfer in Beruhrung mit Quecksilber. Z. Metallkunde 41, 226—227 (1950).
MÜLLER, E. W., Das Auflösungsvermogen des Feldionenmikroskops. Z. Naturforsch. 11a, 88—94 (1956).
NACKEN, R., Über das Wachstum von Kristallpolyedern in ihrem Schmelzfluß. Neues Jb. Mineralog. Geol. Paläontol. Ref. Teil II 1915, 133—164.
NACKEN, R., Kristallzuchtungsapparate. Z. Instrumentenkde 36, 12—20 (1916).
NEIDER, R., Elektronenmikroskopische Abbildungen von Kristallstrukturen (Vortrag X. 4). Electron Microsc. Proc., Stockholm Conf. Septemb. 1956, 93 bis 98.
NEUHAUS, A., Messungen von geometr. Verschiebungsgeschwindigkeiten am NaCl und deren Abhängigkeit von Begrenzungsart, Konzentration und Lösungsgenossen. Z. Krist. 68, 15—77 (1928).
NEUHAUS, A., Orientierte Substanzabscheidung (Epitaxie) (Partiell-isomorphe Systeme XII); Fortschr. Mineralog. Kristallogr. Petrogr. 29/30, 136—296 (1950/51).
NEUHAUS, A. u. G. NITSCHMANN, Zur Ausdeutung der Wachstumsergebnisse nach dem Nacken-Kyropoulos-Verfahren. Z. Elektrochem. 56, 483—490 (1952).
NEUHAUS, A., Methoden und Ergebnisse der modernen Einkristallzuchtung. I. Theoretische Grundlagen. Chemie Ing. Techn. 28, 155—161 (1956). II. Spezielle Züchtungsverfahren. Chemie Ing. Techn. 28, 350—365 (1956).
NEUMANN, K. u. FR. HOCK, Schnellwachsende nadelformige Kaliumkristalle. Chem. Ber. 86, 1141—1144 (1953).
NEWKIRK, J. B., Growth of Cadmium Iodide Crystals. Acta Metallurgica 3, 121—125 (1955).
NIGGLI, P., Lehrbuch der Mineralogie, Bd. I: Allgemeine Mineralogie; Bd. II: Spezielle Mineralogie. 2. Aufl. (Berlin 1924 und 1926).
NIGGLI, P., Grenzphänomene am kristallinen Wachstumskorper. Studium generale (Heidelberg) 5, 342—355 (1952).
NIGGLI, P., Vom Wachstum der Kristalle. Vjschr. Naturforsch. Ges. Zürich 97, Heft 3, 5—35 (1953).
NOMARSKI, G. u. A. R. WEILL, Sur l'Observation des figures de croissance des cristaux par les méthodes interférentielles à deux ondes. Bull. Soc. franç. Minéralog. Cristallogr. 77, 840—868 (1954).
NOMARSKI, G. u. A. R. WEILL, Application of the Method of Interference of two Polarized Waves to Metallography. Rev. Metallurgie 52, 121—134 (1955), vgl. C. A. 49, 8065d (1955).
NOWACKI, W., Die Kristallstruktur von Adamantan. Helv. chim. Acta 28, 1233—1242 (1945).

OBREIMOW, I. u. L. SCHUBNIKOW, Eine Methode zur Herstellung einkristalliner Metalle. Z. Physik **25**, 31—36 (1924).
OSMOND, F. u. G. CARTAUD, Über die Kristallisation des Eisens. Referat in Z. Krist. (A) **35**, 657—658 (1901/02).
POLLOCK, W. I. u. R. F. MEHL, Spiral Growth of Cadmium Crystals from the Vapor Phase. Acta Metallurgica (Lancaster Pa) **3**, 213—215 (1955).
RAE, H. u. A. E. ROBINSON, Spiral Growth on Large Crystal Surfaces. Proc. roy. Soc., Lond. Ser. A: Math. a. physic. **222**, 558—562 (1954).
RAETHER, H., Über die Struktur vergüteter Steinsalzoberflächen. Optik **1**, 296—319 (1946).
RANDALL, M. u. T. C. DOODY, Octahedral Arsenious Oxide. J. phys. Chem. (B) **43**, 613—622 (1939).
READ jr., W. T., Dislocations in Crystals 1—9 u. 139—154 (New York-London-Toronto 1953).
ROBERTS, E. J. u. F. FENWICK, The Antimony-Antimonatrioxyde Electrode and its Use as a Measure of Acidity. J. amer. chem. Soc. **50**, 2125—2147 (1928).
ROBINSON, A. E., The Growth of Large Crystals of Ammonium Dihydrogen Phosphate and Lithium Sulphate. Discuss. Faraday Soc. **5**, 315—319 (1949).
ROYER, L., Des matières étrangères qui, ajoutées à l'eau mère d'une solution, sont susceptibles de modifier le faciès des cristaux du corps dissous. C. r. Paris **198**, 185—187 (1934).
ROYER, L., Étude expérimentale sur la modification du faciès des cristaux qui prement naissance dans une solution contenant certaines matières étrangères. C. r. Paris **198**, 585—587 (1934).
ROYER, L., Observations au sujet des substances qui modifient le faciès des cristaux se deposant à partir d'une solution. C. r. Paris **198**, 949—951 (1934).
ROYER, L., Des relations de structure qui doivent exister entre deux substances A et B pour que B modifie le faciès des cristaux de A; nouveaux exemples. C. r. Paris **198**, 1868—1870 (1934).
RUNDLE, R. E. u. H. J. STURDIVANT, The Crystal Structures of Trimethylplatinum Chloride and Tetramethylplatinum. J. amer. chem. Soc. **69**, 1561 bis 1567 (1947).
RUSKA, E. u. O. WOLFF, Ein hochauflösendes 100-kV-Elektronenmikroskop mit Kleinfelddurchstrahlung. Z. wiss. Mikroskop. mikroskop. Techn. **62**, 465 bis 509 (1956).
SEAGER, A. F., Screw Dislocations in Pyrite. Nature (London) **170**, 425 (1952).
SEIFERT, H., Die anomalen Mischkristalle. I.: Fortschr. Mineralog. Kristallogr. Petrogr. **19**, 103—182 (1935). II.: **20**, 324—455 (1936). III.: **22**, 185—488 (1937).
SEIFERT, H., Kristalltrachtbeeinflussung wachsender Kristalle durch Lösungsgenossen als Adsorptionsprobleme. Z. Elektrochem. **56**, 331—338 (1952).
SEIFERT, H., Epitaxy; in: "Structure and Properties of Solid Surfaces" by GOMER and SMITH 318—372 (Chicago 1952).
SEIFERT, H., Das Problem der Kristalltracht und seine technische Bedeutung. Chemie-Ing. Techn. **27**, 135—142 (1955).

SERRA, A., Chemische Kristallographie: Beobachtungen uber die Kristallisation des Anhydrids der antimonigen Säure. Z. Krist. **91**, 371—372 (1935).

SMEKAL, A., Strukturempfindliche Eigenschaften der Kristalle. Handbuch Physik Teil. **2**, 24, Kap. 5, 795—922 (1933).

SPANGENBERG, K., Über die Beeinflussung der Kristalltracht des NaCl durch Komplexionen bildende Lösungsgenossen. Z. Krist. **59**, 375—382 (1923/24).

SPANGENBERG, K., Wachstumsgeschwindigkeitsmessungen am Kalialaun I. Z. Krist. **61**, 189—225 (1924/25).

SPANGENBERG, K., Wachstum und Auflösen der Kristalle. Handworterbuch Naturwiss. Bd. 10, 362—401 (Jena 1934).

SPANGENBERG, K. u. G. NITSCHMANN, Zur Persistenz der Feinausbildung der Flachen von NaCl-Wachstumskorpern. Z. Krist. **102**, 285—308, 309—344 (1940).

SCHUBNIKOW, A., Über den Einfluß der Temperaturschwankungen auf die Bildung der Kristalle. Z. Krist. **54**, 261—266 (1914).

STEINBERG, M. A., Growth Spirals Originating from Screw Dislocations on Electrolytically Produced Titanium Crystals. Nature (London) **170**, 1119 bis 1120 (1952).

STEINMETZ, H., Über Berylliumacetate. Z. anorg. allg. Chem. **54**, 217—222 (1907).

STRANSKI, I. N., Zur Theorie des Kristallwachstums. Z. physik. Chem. (A) **136**, 259—278 (1928).

STRANSKI, I. N. u. R. KAISCHEW, Gleichgewichtsformen homoopolarer Kristalle. Z. Krist. **78**, 373—385 (1931).

STRANSKI, I. N., Wachstum und Auflösen der Kristalle vom NaCl-Typ. Z. physik. Chem. (B) **17**, 127—154 (1932).

STRANSKI, I. N., R. KAISCHEW u. L. KRASTANOW, Beitrag zur Frage der Gleichgewichtsform homoopolarer Kristalle. Z. Krist. **88**, 325—329 (1934).

STRANSKI, I. N. u. R. KAISCHEW, Über den Mechanismus des Gleichgewichts kleiner Kristallchen, I. Z. physik. Chem. (B) **26**, 100—113 (1934).

STRANSKI, I. N. u. R. KAISCHEW, Gleichgewichtsform und Wachstumsform der Kristalle. Ann. Physik 5. Folge **23**, 330—338 (1935).

STRANSKI, I. N. u. R. KAISCHEW, Kristallwachstum und Kristallkeimbildung. Physik. Z. **36**, 393—403 (1935).

STRANSKI, I. N., Zur Berechnung der spez. Oberflächen-, Kanten- und Eckenenergien an kleinen Kristallen. S.ber. Akad. Wiss. Wien, Math.-naturw. Kl., Abt. IIb, **145**, 840—848 (1936).

STRANSKI, I. N. und L. KRASTANOW, Die orientierte Ausscheidung von Ionenkristallen aufeinander vom Standpunkte der Kristallwachstumstheorie; Neues Jb. Mineralog., Geol. Paläont. Abt. A **74**, 305—317 (1938).

STRANSKI, I. N. und L. KRASTANOW, Zur Theorie der orientierten Ausscheidung von Ionenkristallen aufeinander; Sitz. Ber. Wien Akad. d. Wissensch. Math.-Naturw. Kl. Abt. IIb, 146, 797 (1938); Monatsh. Chem. **71**, 351 (1938).

STRANSKI, I. N. u. E. K. PAPED, Zur Bestimmung der Reichweite der zwischen den Gitterbausteinen in homoopolaren Kristallen wirksamen Kräfte auf Grund von Kristallwachstumsformen. Z. physik. Chem. (B) **38**, 451—460 (1938).

STRANSKI, I. N., Über Wachstumserscheinungen an Cd-Einkristallen und deren Bedeutung fur die Ermittlung der zwischen den Gitteratomen wirksamen Krafte. Ber. Dtsch. chem. Ges. Berlin (A) **72**, 141—148 (1939).
STRANSKI, I. N. u. R. SUHRMANN, Gleichgewichtsformen der Kristalle mit kubisch-raumzentriertem Gitter. Z. Krist. **105**, 481—487 (1943).
STRANSKI, I. N., Über die THOMSON-GIBBSsche Gleichung und über die sog. Theorie der Verwachsungskonglomerate. Z. Krist. **105**, 91—123 (1943/44).
STRANSKI, I. N. u. B. HONIGMANN, Die spontane Einstellung von Gleichgewichtsformen. Naturwiss. **35**, 156—157 (1948).
STRANSKI, I. N., Zur Entstehung von Mosaik- und Blockstrukturen bei Kristallen. Optik **3**, 17—23 (1948).
STRANSKI, I. N., Forms of Equilibrium of Crystals. Discuss. Faraday Soc. **5**, 13—21 (1949).
STRANSKI, I. N., Über die Energieschwellen beim Kristallwachstum. Naturwiss. **37**, 289—296 (1950).
STRANSKI, I. N. u. B. HONIGMANN, Die spontane Einstellung von Gleichgewichtsformen an Hexamethylentetraminkristallen. Z. physik. Chem. (A) **194**, 180—198 (1950).
STRANSKI, I. N., Propriétés des surfaces de cristaux. Faciès cristallins a l'état pur et en présence de substances étrangères. Bull. Soc. franç. Minéralog. Cristallogr. **79**, 359—382 (1956).
STRAUMANIS, M., Das Wachstum von Metallkristallen im Metalldampf. I.: Z. physik. Chem. (B) **13**, 316—337 (1931). II.: **19**, 63—75 (1932). III.: **26**, 246—254 (1934). IV.: **30**, 132—138 (1935).
STRAUMANIS, M., Wachsende Magnesiumkristalle. Z. Krist. **89**, 487—493 (1934).
STRAUMANIS, M. u. J. SAUKA, Die Gitterkonstanten und Ausdehnungskoeffizienten von Jod. Z. physik. Chem. (B) **53**, 320—330 (1943).
TAMMANN, G., Lehrbuch der Metallografie (Leipzig u. Hamburg 1914).
TERTSCH, H., Trachten der Kristalle (Berlin 1926).
TOLANSKY, S., Multiple Beam Interferometry of Surfaces and Films (Oxford 1948).
TURNBULL, D. u. J. H. HOLLOMON, Homogenous nucleation. Physics Powder Metallurgy **1951**, 109—142.
VALETON, J. J. P., Kristallform und Löslichkeit. Ber. Königl. Sachs. Ges. Wiss., Math.-phys. Kl. **67**, 1—59 (1915).
VERMA, A. R., Observation on Carborundum of Growth Spirals Originating from Screw Dislocations. Philos. Mag. (7) **42**, 1005—1013 (1951).
VERMA, A. R., Observations on Growth and Etch Phenomena on Haematite (Fe_2O_3) Crystals. Proc. physic. Soc. (B) **65**, 806—811 (1952).
VERMA, A. R., Crystal Growth and Dislocations (London 1953).
VERMA, A. R. u. P. M. REYNOLDS, Interferometric Studies of the Growth of Stearic Acid Crystals and their Optical Properties. Proc. physic. Soc. (B) **66**, 414—420 (1953).
VERMA, A. R. u. P. M. REYNOLDS, A Further Note upon the Growth and Optical Properties of Stearic Acid Crystals. Proc. physic. Soc. (B) **66**, 989 (1953).

VERMA, A. R., Interferometric Studies of the Slip Phenomena in the Growth of Palmitic Acid Crystals. Acta Crystallogr. (Copenhagen) **7**, 270—271 (1954).
VOLMER, M., Zum Problem des Kristallwachstums. Z. physik. Chem. (A) **102**, 267—275 (1922).
VOLMER, M. u. W. SCHULTZE, Kondensation an Kristallen. Z. physik. Chem. (A) **156**, 1—22 (1931).
VOLMER, M., Kinetik der Phasenbildung (Dresden u. Leipzig 1939).
VOTAVA, E., The Growth of Platinum Crystals out of $PtCl_4$. Naturwiss. **40**, 437—438 (1953).
WAHL, W., Die Beziehung zwischen der Kristallsymmetrie der einfacheren organischen Verbindungen und ihrer Molekularkonstitution, II. Proc. roy. Soc., Lond. Ser. A: Math. a. physic. **89**, 327—339 (1913); vgl. Chem. Z. **1914**, 21.
WALKER, A. C. u. G. T. KOHMAN, Growing Crystals of Ethylenediamine Tartrate. Bell Telephone System, Techn. Pubs. Monograph B. 1562 (1948).
WEILL, A. R., Observation de figures de croissance en spirale sur des cristaux de quartz naturel et d'alumine fondue. C. r. Paris **235**, 256—258 (1952).
WELLS, A. F., The Crystal Structures of Alkylmetallic Complexes. Z. Krist. **94**, 447—460 (1936).
WELLS, A. F., Crystal Habit and Internal Structure. I. Phil. Mag. **37**, 184—199 (1946). II. **37**, 217—236 (1946). III. **37**, 605—630 (1946).
WILKE, K.-Th., Die Entwicklung der Kristallzüchtung seit 1945; Fortschr. Min. **34**, 85—150 (1956),
WOLFF, G. A., Faces and Habits of Diamond Type Crystals. Amer. Mineralogist **41**, 60—66 (1956).
WOLTER, H., Schlieren-, Phasenkontrast- und Lichtschnittverfahren. Handb. Physik **24**, 555—645 (1956).
WOLF, K. L., Physik und Chemie der Grenzflächen, 1. Band: Die Phänomene im allgemeinen (Berlin-Göttingen-Heidelberg 1957).
WRANGLÉN, G., Dendrites and Growth Layers in the Electrocrystallization of Metals; Transact. Roy. Inst. Techn. **94**, 1—41 (1955).
WRANGLÉN, G., Bravais' and Kossel-Stranski's Theories of Homopolar Crystals and their Application to Elements. Acta chem. scand. **9**, 661—676 (1955).
WULFF, G., Neue Form des rotierenden Kristallisationsapparates. Z. Krist. **50**, 17—18 (1911).
WULFF, G., Zur Frage der Geschwindigkeit des Wachstums und der Auflösung der Kristallflächen. Z. Krist. **34**, 449—530 (1901).
WULFF, G., Über Wachstums- und Auflösungsgeschwindigkeit der Kristalle. Z. Krist. **30**, 309—311 (1898).
YAMAMOTO, T., The Influence of Cations in Aqueous Solution on the Growth of Crystals. Sci. Pap. Inst. Phys. Chem. Res. (Tokyo) **35**, 228—289 (1938/39).

Namenverzeichnis

Amelinckx, S. 81, 82, 85, 86
Anderson, N. G. 85.
D'Ans, A. M. 43, 84, 88, 89
Artemiew, D. N. 39, 42, 53, 57, 59

Bassett, jr., H. 30
Becke, F. 14
Bentivoglio, M. 22, 72
Bilicke, C. 30
Blisnakow, G. 135
Booth, A. H. 75
Born, M. 97, 106, 108
Bradistilov, G. 10
Brandes, H. 94, 112
Bravais, A. 142
Bridgman, P. W. 25
Brown, F. C. 19
Buckley, H. E. 17, 39, 42, 43, 52, 67, 75
Budewski, E. 58
Bunn, C. W. 45, 75, 86, 87
Burton, W. K. 75, 76, 90, 129, 142

Cabrera, N. 75, 76, 90, 129, 142
Cartaud, G. 30, 31
Curie, P. IX

Danilow, W. I. 72, 77
Dawson, I. M. 84, 85
Dekeyser, W. 81, 86
Dinghas, A. 90
Donnay, J. D. H. 142
Doody, T. C. 18
Drechsler, M. 31, 62
Dunning, W. J. 3

Emde, F. 99
Emmett, H. 86, 87

Erdey-Grúz, T. 29
Eucken, A. 106

Fenimore, C. P. 39
Fenwick, F. 32
Finke, W. 23
Fischer, H. 28, 33, 85, 87
Forty, A. J. 29, 82—86
France, W. G. 42, 47, 48, 72
Françon, M. 82, 83
Frank, F. C. X, 29, 75, 76, 82, 85, 88, 90, 128, 129, 130, 142
Frankl, E. 29
Frondel, C. 40
Fullman, R. L. 135

Geist, D. 85
Gibbs, J. W. IX
Gille, F. 24
Gmelin 30, 39
Göppert-Mayer, M. 108
Graf, L. 87
Griffin, L. J. 86
Groth, P. 29—33, 37 bis 43, 45
Günther 56
Guntz, A. 30
Gwathmey, A. T. 30

Harker, D. 142
Hartman, P. X, 11, 13, 37, 38, 40, 130—134
Hendricks, S. B. 30
Herring, C. 135
Herzfeld, K. F. 135
Heyer, H. 20, 31, 49, 65, 72, 77, 110, 137
Hintze, C. 42
Hock, Fr. 31
Holden, A. N. 22
Hollomon, J. H. 3

Honigmann, B. 19, 20, 31, 49, 63, 64, 68, 72, 77, 85, 87, 99, 106, 118, 130
van Hook, A. 76
Horn, F. H. 86
Hulett, G. A. 67

Jahnke, E. 99
Johnsen, A. 14, 24, 39, 45

Kahlbaum, G. W. A. 18, 29, 30
Kaischew, R. IX, X, 9, 10, 18, 29—31, 57—59, 64, 69, 91, 94, 104, 105, 109, 113—115, 118, 121, 132
Kardos, R. F. 29
Kaufmann, W. 19
Keepin, G. R. 19
Keremidtschiew, L. 18, 57
Kern, R. 13, 32, 38—46, 52
Kleber, W. 10, 11, 38, 87, 135.
Klija, M. O. 69—71
Klipping, G. 79
Knacke, O. IX, 75, 90, 130, 135
Kohman, G. T. 23
Korb, A. 19
Kossel, W. IX, 10, 53, 56, 91, 97, 99, 103, 142
Krastanow, L. 10, 130
Krüger, F. 23
Krug, W. 83
Kyropoulos, S. 25, 26, 53, 63

Lacmann, R. 137
Lau, E. 83
v. Laue, M. 90

LEIDHEISER, jr. H. 30
LEISEGANG, S. 84
LEMMLEIN, G. 69, 71

MADELUNG, E. 97—99
MALINOWSKI, J. 58
MALKIN, W. I. 72, 77
MARCELIN, R. 86
MARK, H. 30
MEHL, R. F. 85
MENTER, J. W. 84
MENZEL, E. 82
MOLIÈRE, K. 31, 99, 100, 106
MONIER, J.-C. 32, 52
MOORE, R. W. 22
MÜLLER, E. W. 29, 31, 60, 61, 62, 118

NACKEN, R. 23, 25, 26, 53, 62, 63
NEIDER, R. 84
NEUHAUS, A. 17, 24, 25 39, 47, 52, 53, 55, 56, 62, 63, 72
NEUMANN, K. 31
NEWKIRK, J. B. 83, 86
NIGGLI, P. 6, 11, 32, 39, 40, 41, 43, 142
NITSCHMANN, G. 24, 25, 62, 63, 80
NOMARSKI, G. 83
NOWACKI, W. 30

OBREIMOW, I. 25
OSMOND, F. 30, 31

PAPED, E. K. 18
PERDOK, W. G. X, 11, 13, 38, 130—134

POLLOCK, W. I. 85

RAE, H. 86
RAETHER, H. 84, 87, 89
RANDALL, M. 18
RATHJE, W. 100
READ, jr., W. T. 128, 129
RENMAN 31
REYNOLDS, P. M. 85
ROBERTS, E. J. 32
ROBINSON, A. E. 22, 24, 86
ROYER, L. 45
RUNDLE, R. E. 31
RUSKA, E. 84

SAUKA, J. 19
SEAGER, A. F. 85
SEIFERT, H. 8, 39, 52
SERRA, A. 32
SIEDLER, PH. 19
SPANGENBERG, K. 24, 46, 52, 53, 56, 70, 72, 80
SUHRMANN, R. 110
SCHUBNIKOW, A. 63
SCHUBNIKOW, L. 25
SCHULTZE, W. 18, 72, 76, 77
STEINBERG, M. A. 33, 85
STEINMETZ, H. 32
STERN, O. 97, 106, 108
STRANSKI, I. N. IX, X, 4, 5, 9, 10, 18, 33, 35, 53, 57, 59, 64, 68, 75, 85, 87, 90, 91, 94, 95, 98—100, 103—106, 108 bis 110, 113—115, 118, 121, 123, 124, 126, 127, 130, 132, 134, 135, 137, 142.

STRAUMANIS, M. 19, 33, 35, 36
STURDIVANT, H. J. 31

TAMMANN, G. 25
TERTSCH, H. 52
THRAILKILL, A. 39
TILLMANN, M. 46
TOLANSKY, S. 83
TURNBULL, D. 3

VALETON, J. J. P. 23, 67, 68
VAND, V. 84
VANSELOW, R. 31, 62
VERMA, A. R. 81, 83, 85, 86
VOLMER, M. IX, 1, 3, 18, 72, 76, 77, 84, 86, 90, 92—94, 112, 121, 142
VOTAVA, E. 85, 86

WAGNER, D. 31
WAHL, W. 30
WALKER, A. C. 23
WEILL, A. R. 83, 86
WELLS, A. F. 31, 52
WILKE, K.-TH. 17
WOLF, K. L. 67, 106
WOLF, P. 61
WOLFF, G. A. 19, 32
WOLFF, O. 84
WOLTER, H. 82
WRANGLÉN, G. 29—31, 33, 85
WULFF, G. IX, 22

YAMAMOTO, T. 39, 41, 47, 86

Sachverzeichnis

Abstände der Bausteine im Kristallgitter; erst-, zweit- und drittnächste ... 96, 134 siehe auch Elementarzelle

Abtrennarbeit einzelner Gitterbausteine
— aus allgemeinen Lagen (φ_ν) 91, 97 bis 104, 118
— aus der Halbkristallage ($\varphi_{1/2}$) 92, 93; 101, 103, 104, 109, 132—134
— von einer (arteigenen) Adsorptionslage auf einer Oberflächennetzebene (φ_{ad}) 96, 122, 123, 131—133

Abtrennarbeit pro Gitterbaustein ($\bar{\varphi}$); mittlere... 91, 104—106; 114, 116, 119, 135

Adsorption auf Gleichgewichtsformen; Einfluß der... 135—141 siehe auch Fremdstoffe

Adsorptionsisothermen (Gibbs und Langmuir) 136, 137

Aktivierungsenergie siehe Keimbildungsarbeit

Anlagerungsenergie einzelner Gitterbausteine siehe Abtrennarbeiten

Bindung; polare und nichtpolare... 9, 10, 97, 98, 103, 104

Bindungsenergie einzelner Gitterbausteine siehe Abtrennarbeiten

Bornscher Abstoßungsterm (NaCl-Gitter) 97, 98, 100—102, 104

Chemische Kristallisation siehe Wachstum (chemische Reaktionen)

Chemisches Potential μ 1, 67, 92, 93

Dampfdruck, Abhängigkeit von der Kristallgröße 67—69 siehe auch Thomson-Gibbssche Gleichung

Dendriten 5, 6, 41, 70

Einkristalle; größere... 18, 19, 22 bis 26, 68

Elektrolytische Kristallisation siehe Wachstum (elektrolytische Reaktionen)

Elementarzellen 96, 134

Energie; freie... 90 Schwankung der freien Energie siehe Keimbildungsarbeit

Epitaxie 52

Feldelektronen- und ionenmikroskop 60—62

Flächen
— A2-, A1- und A0-Flächen 95; 96, 113, 122, 123, 132—134
— F-, S- und K-Flächen 11, 13; 37, 38, 131—134
— G-Flächen 3, 6, 10, 90—96; 8, 28, 37, 44, 54, 58, 59, 63, 66, 68, 75, 77, 81, 88, 89, 110, 122, 127, 135 experimentelle Bestimmung siehe Kugelwachstum, Temperaturschwankungen, Wachstumsformen
— G_f-Flächen 8; 12, 28, 37, 38, 40, 59, 119, 135, 139
— intermediäre Flächen 4, 28, 59, 62
— V-Flächen bzw. V-Bereiche 3, 4; 8, 54, 59, 62, 63, 66, 95; siehe auch Vergröbertes Wachstum
— W-Flächen 3; 8, 12, 28, 37, 38, 45, 47, 53, 54, 57—59, 63, 64, 71, 75, 81, 95, 119, 122, 126, 127
— glatte oder vollständige Flächen 4, 123—127
— vergröberte oder unvollständige Flächen 4, 123—127
— gleichmäßig vergröberte oder gleichförmige Flächen 4, 123—127
— ungleichmäßig vergröberte oder ungleichförmige Flächen 4, 123 bis 127
— zusammengesetzt gleichförmige Flächen 123—127
— wiederholbar wachsende Flächen siehe G- und W-Flächen, Wiederholbares Wachstum
— nichtwiederholbar wachsende Flächen siehe V-Flächen
— Vizinalflächen 66, 140

Sachverzeichnis

Fremdstoffe siehe Gleichgewichtsformen, G_f-Flächen, spez. Oberflächen- und Randenergien, Wachstum, Wachstumsgeschwindigkeit
GIBBSsche Bedingung 90, 94 (für den zweidimensionalen Keim), 131, 142
Gitterbausteine 5
Gitterpotential einer alternierenden Ionenkette 99
Gitterstörungen siehe Gleichgewichtsformen, Wachstum, Wachstumsgeschwindigkeit
Gittertypen in bezug auf Kristallwachstum; theoretisch analysierte...
— Diamantgitter 95, 110, 118
— einfach kubisch (Kosselkristall) 92, 96, 102, 104, 105, 107—109, 111 bis 116, 119—122, 128, 129, 135—140
— kubisch flächenzentriert 110, 118, 132, 134
— kubisch raumzentriert 110, 116 bis 119, 122, 133, 134
— NaCl-Gitter 96—102, 105—108, 123—127, 134; experimentelle Beispiele siehe Stoffe mit oben genannten Gittertypen im Substanzregister
Gleichgewichtsformen
— allgemein 6, 10; 67—69, 116—118
— Einfluß von äußeren und Fremdfaktoren 8, 12, 27, 38, 71, 118, 135 bis 141
— experimentelle Bestimmungen 69 bis 71
— theoretische Bestimmungen 90, 91
Habitus 5, 6, 14—16; 28, 33, 43—45, 52, 55
Halbkristallage 6, 92; siehe auch Abtrennarbeit
Idealkristall 4, 7, 10, 90, 96, 97, 115 (Abb. 62), 142
Keimbildung (Keime)
— dreidimensional 2, 3, 69, 93
— zweidimensional 93; 76, 94, 95, 114, 119, 120, 137—140
— ein- und nulldimensional 94, 95; 119—123
Keimbildungsarbeit 119, 121; 51, 68, 127, 129, 130
Keimbildungsexperimente 17, 18, 20 bis 22, 26

Keimbildungshaufigkeit 3, 7
Keimbildungszentren 3, 7, 129
Kinematische Theorie des Kristallwachstums 14
Kinetik siehe Wachstumsgeschwindigkeit
Kosselkristall, Kristall mit einfach kubischem Gitter und nichtpolarer Bindung; vgl. Gittertypen
Kossel-Schema 103, 104, 133
Kristallform 5
Kristallisation siehe Wachstum oder Zuchtung
Kugelwachstum 53—65; 4, 47, 70
Lamellen 87
Löslichkeit (Abhängigkeit von der Kristallgröße) 67—69
Mineralkristalle 27, 28, 33; siehe auch Substanzregister
Mischkristalle 8
Oberflächendiffusion 7, 8, 52, 62, 76
Oberflachenenergie; freie spez. ... 106 bis 110; 90, 91, 97, 118, 137
Oberflachenstrukturen 4, 81—89 siehe auch Schicht-, Spiral- und vergrobertes Wachstum
Oberflächenuntersuchungen (Licht- und elektronenoptische Verfahren) 81—89
PBC-Vektoren 11; 37, 131—135
Polykristalline Aggregate 5, 27
Randenergie; freie spez. ... 109—113; 94, 121, 133, 137—140
Realkristall 1, 7, 9, 12, 77, 131, 142 siehe auch Gleichgewichtsformen (Einfluß von äußeren und Fremdfaktoren), Wachstum
Schichtwachstum 7, 8, 81, 84—88, 130
Schraubenversetzung 88, 128, 129
Spiralwachstum 7, 8, 84—88, 128—130
Stufen; Oberflachen... 7, 81—89, 120
Sublimation siehe Wachstum oder Zuchtung aus dem Dampf
v. SZYSKOWSKIsche Beziehung 137
Temperaturschwankungen 63—66, 70, 71
Tempern 5, 53, 60, 61, 68—71
THOMSON-GIBBSsche Gleichung 67, 68, 91, 93, 94 (für den zweidimens. Keim), 112, 113

Sachverzeichnis

Tracht 5; 6, 11, 52
Übersättigung 1, 79; 17—19, 21, 22, 24, 119, 121
Einfluß auf Wachstumsform und Wachstumsgeschwindigkeit siehe dort
Überschreitung 1
V-Bereiche siehe V-Flächen
Verdampfungswärme; molare... 93, 103
Vergröbertes Wachstum (Vergröberungen) 7, 8, 43, 44, 54, 57—59, 64, 75, 81, 88, 95, 114, 120, 122—127 siehe auch Flächen
Vizinalflächen siehe Flächen
Wachstum
— chemische Reaktion 17, 27, 28, 38, 43
— Dampf 27, 35—38, 42, 49—52, 57, 59, 72, 76—80 siehe auch Züchtung
— elektrolytische Reaktion 17, 27, 28, 58, 59
— Lösung 27, 37, 38, 43, 55—57, 70, 72, 75, 80 siehe auch Züchtung
— Schmelze 27, 62, 77 siehe auch Züchtung
— Einfluß von:
— — Fremdstoffen 8, 12, 19, 33, 38, 44—52, 55, 56, 75, 77, 127
— — Gitterstörungen 7, 49—52, 68, 75, 77—80, 122
— — Temperatur 75 (weitere Hinweise TERTSCH [1926])
— — Übersättigung 44—46, 49, 53, 68
— Kugelwachstum, Schicht- und Spiralwachstum, Vergröbertes Wachstum, Wiederholbares Wachstum, siehe dort
Wachstumsformen
— allgemein 5, 6
— Kristalle mit heteropolarer Bindung 38—45
— Kristalle mit nichtpolarer Bindung 27—38
— polyedrische Wachstumsformen 5, 63
— stationäre Wachstumsformen 6, 14 bis 16, 48, 122
Wachstumsgeschwindigkeit
— allgemein 72; 7—9, 12, 14—16, 28, 33, 36, 51, 54—56, 63, 120
— Meßmethoden 72—74
— Einfluß von:
— — Fremdstoffen 8, 38, 45, 47, 48, 55, 75, 77, 141
— — Gitterstörungen 75, 77—80, 122, 128—130
— — Temperatur 75
— — Übersättigung 75—81, 121, 122
Wachstumsstellen (Halbkristallagen) 6, 9; 7, 75, 88, 119, 120
Wiederholbares Wachstum 3, 4; 7, 89, 123
WULFFscher Satz 90, 91; 94 (für den zweidimensionalen Keim); 112, 113, 115—117, 136
Zentraldistanz 91; 67, 94, 112, 113, 116, 117
Züchtung
— Dampf 17—21
— Lösung 21—24
— Schmelze 24—26
allgemeine Verfahren (Literaturhinweise) 17

Substanzverzeichnis

Adamantan 30, 59
Äthylendiamintartrat 22
Alaune 10, 13, 22, 23, 42, 44, 47, 48, 56, 57, 63, 68, 72
Alkalihalogenide 47
Aluminium 83
Ammoniumbromid 41
Ammoniumchlorid 41, 44, 70
Ammoniumdihydrogenphosphat 22, 23
Anthracen 37
Antimontrioxyd 28, 32
Apatit 86
Arsentrioxyd 18, 19, 28, 32
Bariumfluorid 41, 44
Bariumsulfat 13
p-Benzochinon 37
β-Benzolhexabromid (Hexabromcyklohexan) 30
Beryllium 33, 86
bas. Berylliumazetat 32
Blei 30, 85
Bleijodid 86
Bleinitrat 86
Cadmium 18, 19, 33, 59, 85
Cadmiumjodid 13, 83, 84, 86
Cadmiumoxyd 40
Caesiumbromid 41
Caesiumchlorid 10, 13, 41, 44, 134
Caesiumjodid 41
Calciumcarbonat s. Kalkspat
Calciumfluorid 10, 13, 41, 44
Calciumnitrat 13
Calciumoxyd 40
p-Chlorbrombenzol 37
Diamant 28, 32
Dibenzol 37
p-Dibrombenzol 37
p-Dichlorbenzol 37
Diphenyl (Phenylbenzol) 37
p-Diphenylbenzol 37
Doppelsulfate 22
Durol (1,2,4,5,-Tetramethyl-benzol) 37
α-Eisen 31

γ-Eisen 30
Eisencarbonat 43
n-Fettsäuren 85
Germanium 32
Gips 67
Gold 28, 29, 85
Graphit 86
Hämatit 86
n-Hektan 85
Hexamethylentetramin s. Urotropin
Jod 18, 19, 76
Kalium 31
Kaliumbromid 40
Kaliumchlorid (Sylvin) 40, 46
Kaliumdichromat 59
Kaliumdihydrogenphosphat 86
Kaliumferrocyanid (gelbes Blutlaugensalz) 59
Kaliumhexachloroplatinat 13
Kaliumjodat 13
Kaliumjodid 40
Kalkspat (Calciumcarbonat) 10, 13, 43, 44
Kupfer 28, 29, 85
Kupfer-I-Oxyd (Cuprit) 13, 38
Kupfersulfat 59
Laurit (Rutheniumsulfid) 37, 38
Lithiumfluorid 40
Lithiumnitrat 43
Lithiumsulfat 24, 86
Magnesium 19, 33, 36, 85
Magnesiumcarbonat 42, 44
Magnesiumoxyd 40, 43, 84, 88, 89
Mangancarbonat 43
Manganoxyd 40
Molybdän 31, 60
Naphthalin 13, 18, 37, 76
Natriumchlorat 13
Natriumchlorid (Steinsalz) 10, 13, 24, 39, 42, 46, 47, 55—57, 63, 64, 80, 81, 86, 87, 89, 94, 97, 98, 104—108, 112, 123, 124, 126, 134
Natriumfluorid 40
Natriumnitrat 43, 44

Natriumthiosulfat 59
Nickel 30
Nickeloxyd 40
n-Nonatriakontan 85
Palmitinsäure 85
Paraffin 84
Paratoluidin 86
Phosphor 18, 76
Platin 28, 30, 85
Pyren 37
Pyrit 13, 37, 85
Quarz 86
Salol (Salicylsäurephenylester) 24, 25, 62, 63, 77
Schwefel 13, 37
Seignettesalz (Kaliumnatriumtartrat) 22
Selen 19, 36
Silber 28, 29, 58, 59, 82, 83, 85
Silberbromid 40

Silberchlorid 40
Silicium 32
Siliciumcarbid 82, 83
Stearinsaure 85
Tantal 31, 60
Tartrate 22,
Tellur 36
Tetrajodkohlenstoff 30
Tetramethylplatin 31
Titan 33, 85
Triäthylarsincuprojodid 31
Urotropin (Hexamethylentetramin) 19, 31, 49, 64, 65, 68, 72—74, 77, 78, 80, 85
Vanadium 31
Wismut 25
Wolfram 31, 60, 61
Zink 18, 19, 33, 35, 57, 59, 85
Zinkcarbonat 43, 44
Zirkonium 31

FORTSCHRITTE DER PHYSIKALISCHEN CHEMIE

Herausgegeben von Prof. Dr. **W. Jost**-Göttingen

Als erste Bände sind erschienen:

Band 1: **Diffusion**

Methoden der Messung und Auswertung

Von Prof. Dr. **Wilhelm Jost**

Direktor des Universitäts-Institutes fur Physikalische Chemie Göttingen

VIII, 177 Seiten mit 52 Abb. 1957. Kart. DM 25,—

Während über die Wärmeleitung ein ausführliches Schrifttum vorliegt, findet man über die analog zu behandelnde Diffusion meist nur in den Lehrbüchern knapp abgefaßte Ausführungen oder in verschiedenen Zeitschriften die Erörterung von Einzelproblemen. Daher wird das Erscheinen der Monographie sicher begrüßt werden. Der Untertitel sagt eigentlich zu wenig über den Inhalt, denn mehr als die Hälfte des Umfangs ist den allgemeinen Gesetzen gewidmet und gibt eine ausgezeichnete Einführung in die theoretischen Grundlagen. In den folgenden Kapiteln werden dann die Diffusion in festen Stoffen, in Gasen und in Flüssigkeiten sowie die Thermodiffusion behandelt ...
Erdöl und Kohle

Band 2: **Ausgewählte moderne Trennverfahren zur Reinigung organischer Stoffe**

Von Dr. **Heinrich Röck**-Trostberg/Obb.

VIII, 169 Seiten mit 114 Abb. und 33 Tab. 1957. Kart. DM 24,—

In der Monographie werden in einzelnen, in sich abgeschlossenen Kapiteln vier Trennverfahren behandelt, nämlich das Ionenschmelzverfahren, die Verdrangungs-Adsorptions-Chromatographie (flüssig), die Gaschromatographie und die Thermodiffusion in flüssiger Phase. Ein großes einleitendes Kapitel bringt das Allgemeine über Trennverfahren zur Substanzreinigung. Das sorgfältig abgefaßte Buchlein kann über den Praktikumsunterricht hinaus bei allen einschlägigen Arbeiten wertvolle Dienste leisten ... **Zeitschrift für analytische Chemie**

Band 3: **Chemische Reaktionen in Stoßwellen**

Von Prof. Dr. **M. Greene** und Dr. **J. P. Toennies**

Metcalf Research Institute, Brown University, Providence, R. I.
Übersetzt von Dr. **H. G. Wagner**-Göttingen

Etwa VIII, 220 Seiten mit 83 Abbildungen. 1958. Kart. ca. DM. 30,—

DR. DIETRICH STEINKOPFF VERLAG · DARMSTADT

FORTSCHRITTE DER PHYSIKALISCHEN CHEMIE

Herausgegeben von Prof. Dr. W. Jost-Göttingen

In Vorbereitung befinden sich folgende Bände:

Cremer: **100 Jahre Chlorknallgas**
Von Prof. Dr. E. Cremer, Vorstand des Univ.-Institutes für Physikalische Chemie Innsbruck
Etwa VIII, 80 Seiten mit zahlreichen Abbildungen. Kart. etwa DM 10,—

Eigen: **Chemische Relaxation**
Untersuchungen sehr schnell verlaufender Lösungsreaktionen
Von Dr. M. Eigen, Max-Planck-Institut für Physikalische Chemie Göttingen
Etwa VII, 112 Seiten mit zahlreichen Abbildungen. Kart. etwa DM 14,—

Franck: **Physikalische Chemie des Fluors und Fluorwasserstoffes**
Von Dr. E. U. Franck, Univ.-Institut für Physikalische Chemie Göttingen
Etwa VIII, 80 Seiten mit zahlreichen Abbildungen. Kart. etwa DM 10,—

Hüttig: **Die Zwischenzustände bei den Reaktionen mit festen Stoffen**
Von Prof. Dr. G. F. Hüttig, Vorstand des Instituts für Anorganische und Physikalische Chemie der Technischen Hochschule Graz
Etwa VIII, 150 Seiten mit zahlreichen Abbildungen. Kart. etwa DM 20,—

Jost: **Der Kirkendall-Effekt**
Von Prof. Dr. W. Jost, Direktor des Univ.-Instituts für Physikalische Chemie Göttingen
Etwa VIII, 96 Seiten mit zahlreichen Abbildungen. Kart. etwa DM 12,—

Konopik: **Grenzstromtitration, polarometrische und amperometrische Titrationen**
Von Dr. N. Konopik, 1. Chemisches Laboratorium der Universität Wien
Etwa VIII, 96 Seiten mit zahlreichen Abbildungen. Kart. etwa DM 12,—

Kratky: **Deformationsvorgänge bei Cellulose**
Von Prof. Dr. O. Kratky, Vorstand des Instituts für Anorganische und Physikalische Chemie der Universität Graz
Etwa VIII, 80 Seiten mit zahlreichen Abbildungen. Kart. etwa DM 10,—

Schlögl: **Zum Materietransport durch Porenmembranen**
Neue theoretische und experimentelle Untersuchungen
Von Dr. R. Schlögl, Max-Planck-Institut für Physikalische Chemie Göttingen
Etwa VIII, 100 Seiten mit zahlreichen Abbildungen. Kart. etwa DM 18,—

Szabo: **Fortschritte in der Kinetik der homogenen Gasreaktionen**
Von Prof. Dr. Z. G. Szabo, Vorstand des Institutes für Anorganische und Analytische Chemie der Universität Szeged
Etwa VIII, 80 Seiten mit zahlreichen Abbildungen. Kart. etwa DM 12,—

Witte-Wölfel: **Röntgenographische Bestimmung der Elektronenverteilung in Kristallen**
Von Prof. Dr. H. Witte und Dr. E. Wölfel, Eduard-Zintl-Institut für Anorganische und Physikalische Chemie der Technischen Hochschule Darmstadt
Etwa VIII, 80 Seiten mit zahlreichen Abbildungen. Kart. etwa DM 10,—

DR. DIETRICH STEINKOPFF VERLAG · DARMSTADT

Die Thermodynamik des Wärme- und Stoffaustausches in der Verfahrenstechnik
Von Dr. **W. Matz**-Frankfurt a. M.. Band I: Textteil. XVI, 355 Seiten mit 114 Abbildungen. 1949. Brosch. DM 26,—, Ganzleinen DM 28,—. Band II: Aufgabensammlung. XII, 138 Seiten mit 29 Abb. und 100 gelosten Aufgaben. 1953. Brosch. DM 16,—, Ganzleinen DM 18,—

Einführung in die Stöchiometrie
Von Prof. Dr. **P. Nylén**-Stockholm und Dr. **N. Wigren**-Visby. 7., verbesserte Auflage. XII, 218 Seiten mit 535 Aufgaben und Lösungen. 1958. Kart. DM 12,—

Thermodynamische Grundlagen der physikalischen Chemie
Von Dr.-Ing. **H. Schunck**-Bonn. VIII, 258 Seiten mit 108 Abb. 1953. Brosch. DM 31,—, Ganzleinen DM 33,—

Einführung in die Vektorrechnung für Naturwissenschaftler und Chemiker
Von Prof. Dr. **H. Sirk**-Wien. X, 124 Seiten mit 60 Abb. 1958. Ganzleinen DM 16,—

Kurzes Lehrbuch der physikalischen Chemie
Von Prof. Dr. **H. Ulich** †. Fortgeführt von Prof. Dr. **W. Jost**-Göttingen. 10.–11. neubearbeitete Auflage. XVI, 392 Seiten mit 113 Abbildungen. 1957. Ganzleinen DM 18,—

Kolloid-Zeitschrift

Zeitschrift für reine und angewandte Kolloidwissenschaft einschließlich der makromolekularen Substanzen

Organ für die Veröffentlichungen der Kolloid-Gesellschaft. Zur Zeit vereinigt mit den Kolloid-Beiheften. Herausgegeben von Prof. Dr. **F. H. Müller**-Marburg/Lahn und Prof. Dr. **Joachim Stauff**-Frankfurt a. M. Patentteil: Prof. Dr. Dr. **J. Reitstötter**-München.

Die Zeitschrift erscheint monatlich. Zwei Hefte zu je 96 Seiten bilden einen Band. Jährlich erscheinen sechs Bände. — Abonnementspreis des Bandes DM 24.— zuzüglich Porto. Mitglieder der Kolloid-Gesellschaft erhalten 20% Nachlaß.

Rheologica acta

Ergänzungshefte zur Kolloid-Zeitschrift

Herausgegeben von Dr. **W. Fritz**-Braunschweig, Priv.-Doz. Dr. **H. Jung**-Stuttgart, Prof. Dr. **H. Kroepelin**-Braunschweig, Dr. **W. Meskat**-Leverkusen, Prof. Dr. **F. H. Müller**-Marburg/Lahn, Dr. **H. H. Pfeiffer**-Bremen, Prof. Dr. **M. Pfender**-Berlin, Prof. Dr. Dr. **H. Schlichting**-Braunschweig/Göttingen und Prof. Dr. **F. Schultz-Grunow**-Aachen.

Die Zeitschrift erscheint zwanglos nach Bedarf in einzelnen entsprechend dem Umfang berechneten Heften. Die Mitglieder der deutschen Rheologengesellschaften und die Bezieher der Kolloid-Zeitschrift erhalten einen Nachlaß von 20% auf den jeweiligen Preis. — Heft 1 (88 Seiten mit 77 Abb. und 5 Tab. Kart. DM 25,—) erschien im Mai 1958.

DR. DIETRICH STEINKOPFF VERLAG · DARMSTADT

If you have any concerns about our products,
you can contact us on
ProductSafety@springernature.com

In case Publisher is established outside the EU,
the EU authorized representative is:
**Springer Nature Customer Service Center GmbH
Europaplatz 3, 69115 Heidelberg, Germany**

Printed by Libri Plureos GmbH
in Hamburg, Germany